Die Kunst der Selbstführung

Was Führungskräfte über Resilienz wissen sollten

Karsten Drath

W0039465

1. Auflage

Haufe.

Inhalt

Im Fokus: Sie selbst   **5**
- Was Selbstführung ist – und was nicht   6
- Die sechs Säulen der Selbstführung   8
- Warum ist effektive Selbstführung so wichtig?   14
- Die Folgen fehlender Selbstführung   19
- Alles eine Frage der Übung   25

Wie sich Selbstführung beeinflussen lässt   **31**
- Die Quelle der Selbstführung: Resilienz   32
- Starr oder flexibel?   34
- Was begünstigt Resilienz?   35
- Arbeiten an sich selbst auf verschiedenen Ebenen   41
- Nur wer resilient ist, kann sich effektiv führen   51

Fitnesstraining für Ihre Selbstführung   **53**
- Arbeit an sich selbst braucht Zeit   54
- Persönlichkeit: mehr über sich erfahren   55
- Biografie: von der eigenen Geschichte profitieren   67
- Haltung: zu einer positiveren Einstellung finden   71
- Mentale Agilität: flexibler im Denken werden   93
- Energie Management: schonend mit der eigenen Kraft umgehen   96
- Geist-Körper-Achse: gut für sich selbst sorgen   102
- Authentische Beziehungen aufbauen und pflegen   119
- Sinn: ein Leben in Einklang mit den eigenen Werten   122
- Zur besseren Version von sich selbst werden   125

- Stichwortverzeichnis   126

Vorwort

Dies ist kein Ratgeber, der Ihnen dabei hilft, Ihren Schreibtisch oder Ihre Aufgabenliste besser im Griff zu haben. Dies ist auch kein Buch, in dem es darum geht, wie Sie den nächsten Karriereschritt erreichen oder mehr Zeit für sich und die Familie gewinnen.

In diesem TaschenGuide dreht sich alles um ein grundsätzlicheres Thema, und zwar um die Kunst der Selbstführung. Wer sie beherrscht, dem gelingt es, die richtigen Dinge zu tun, die eigene innere Kraft sinnvoll zu lenken und dort einzusetzen, wo sie wirklich einen spürbaren Unterschied macht.

Effektive Selbstführung ermöglicht es, eine innere Haltung einzunehmen, die kraftvoll ist und nicht etwa geprägt von Angst und Selbstzweifeln. Diese Fähigkeit ist zweifelsohne für jeden Menschen von Bedeutung. Wenn man jedoch andere führt und dies mit einem professionellen Anspruch tun möchte, dann ist eine effektive Selbstführung unverzichtbar. Die gute Nachricht: Gute Selbstführung lässt sich erlernen und trainieren. Dazu benötigen Sie Wissen über ein paar wenige theoretische Modelle, unter anderem auch das Konzept der Resilienz, die eng verwoben ist mit Selbstführung. All diese Informationen und viele praktische Werkzeuge zur Umsetzung in die Praxis gebe ich Ihnen mit diesem TaschenGuide an die Hand.

Ich wünsche Ihnen eine erkenntnisreiche und inspirierende Lektüre,

Ihr Karsten Drath

Im Fokus:
Sie selbst

In unserer komplexen, sich ständig verändernden Wissensgesellschaft wird die Fähigkeit, die eigenen negativen und destruktiven Impulse und Gefühle zu managen, von immer größerer Bedeutung für den persönlichen Erfolg.

In diesem Kapitel erfahren Sie u. a.,

- was es heißt, sich selbst gut zu führen,
- warum Chefs, die mit sich selbst im Reinen sind, bessere und erfolgreichere Führungskräfte sind,
- was alles passieren kann, wenn man Selbstführung unterschätzt.

Was Selbstführung ist – und was nicht

Selbstführung ist nicht zu verwechseln mit Selbstmanagement oder Selbstorganisation. Während es bei letzteren beiden Punkten darum geht, sich effizienter zu organisieren und bestehende Praktiken und Prozesse zu optimieren, dreht sich in der Selbstführung alles darum, die richtigen Dinge zu tun.

Es geht darum, die eigene innere Kraft sinnvoll zu lenken und dort einzusetzen, wo sie wirklich einen spürbaren Unterschied macht. Es geht darum, die emotionale Färbung der eigenen Gedanken willentlich zu steuern und so eine innere Haltung einzunehmen, die wirklich kraftvoll ist und nicht geprägt von Angst und Selbstzweifeln. Diese Fähigkeiten sind zweifelsohne für jeden Menschen von Bedeutung. Wenn man jedoch andere Menschen führt und dies mit einem gewissen professionellen Anspruch tun möchte, dann ist eine effektive Selbstführung unverzichtbar.

Besonders wichtig, wenn es schwierig wird

Wenn alles gut läuft, ist Selbstführung eine ziemlich leichte Angelegenheit. Man braucht sie so gut wie nicht, denn die Außenwelt, also z. B. das private und berufliche Umfeld, passt ja zu dem Idealbild, das wir uns von eben dieser Außenwelt machen. Wenn da nur nicht unsere Innenwelt wäre, also die Psyche, die sich hin und wieder an Problemen aufreibt, die vermeintlich gar nicht da sind, und so aus heiterem Himmel innere Krisenherde wie mangelnde Selbstdisziplin, schwindendes Selbstbewusstsein oder empfundene Sinnlosigkeit heraufbeschwören. Erschwerend kommt hinzu, dass die Dinge dann doch etwas anders liegen, wenn »echte« Unsicherheiten, Krisen und Rückschläge in der Außenwelt hinzukommen, also z.B. wenn der eigene Job, die Beziehung oder gar die eigene Gesundheit auf dem Spiel stehen. Selbstführung bedeutet, im Angesicht solcher Widrigkeiten die eigene Innenwelt willentlich in Ihrem Sinne zum Konstruktiven hin beeinflussen können, wenn Sie in irgendeiner Weise gescheitert bzw. infrage gestellt sind oder sich zumindest so fühlen.

Ist das einfach? Keineswegs, aber es ist mit einiger Übung machbar. Ist es angenehm? Nicht immer. Die Arbeit am eigenen Selbst ist sehr persönlich und kann auch schon mal unangenehm sein. Ist es die Mühe wert? Urteilen Sie selbst, aber ich denke, Selbstzweifel bei Bedarf durch Zuversicht ersetzen zu können, ist eine attraktivere Option, als diese mehr oder minder durch Aktionismus zu kompensieren.

Eng verbunden: Resilienz und Selbstführung

Seit 2010 beschäftige ich mich nun mittlerweile mit dem faszinierenden Konzept der Resilienz, also der menschlichen Fähigkeit, konstruktiv mit Rückschlägen umzugehen. Im Laufe der Jahre ist mir immer mehr klargeworden, dass Arbeit an der eigenen Resilienz immer auch die Verbesserung der eigenen Selbstführung beinhalten muss. Selbstführung ist also in diesem Sinne eine Untermenge von Resilienz. Sie werden daher in diesem TaschenGuide Vieles über die uns eigene mehr oder minder ausgeprägte Widerstandsfähigkeit erfahren.

Die sechs Säulen der Selbstführung

Eine effektive Selbstführung kann aus unserer Erfahrung als Executive Coaches nur dann gelingen, wenn sechs spezifische Faktoren gegeben sind:

1. Selbsterkenntnis,
2. Selbstakzeptanz,
3. Selbstverantwortung,
4. Selbstfürsorge,
5. Selbstregulierung,
6. Selbstaktualisierung.

Säule 1: Selbsterkenntnis

»Erkenne Dich Selbst«, stand gemäß der Überlieferung als Leitspruch über dem Eingang zum Orakel von Delphi, dem Mittelpunkt der antiken griechischen Welt. Dieser Satz hat seither nicht an Bedeutung verloren. Wir können nur führen, was wir auch kennen. Es ist also eine gute Sache, das, was uns ausmacht, die Ecken und Kanten unserer Persönlichkeit, unsere sog. Traits, genau zu kennen.

Was wir an uns selbst nicht bemerken, kann für andere durchaus leicht zu erkennen sein und so für uns selbst zu einem blinden Fleck werden, der vor allem für Menschen in Führungspositionen kräftezehrend und sogar karriereschädigend wirken kann (siehe dazu näher das Kapitel »Die Folgen fehlender Selbstführung«). Es geht beim Aspekt der Selbsterkenntnis daher darum, Fremdbild und Selbstbild in Bezug auf Stärken, Schwächen und Eigenheiten miteinander abzugleichen. Das beinhaltet sowohl Selbstwahrnehmung und Eigenreflexion als auch Rückmeldungen von außen.

Säule 2: Selbstakzeptanz

Sich selbst gut zu kennen, ist nur die halbe Miete. Nicht immer mag man das, was man über sich selbst herausfindet. Der effiziente Manager mag es vielleicht nicht gerne hören, dass er mit seinem knappen, befehlsartigen Kommunikationsstil einige seiner Mitarbeiter regelmäßig brüskiert.

Die eigenen Stärken und Schwächen nicht nur zu kennen, sondern sie auch zu akzeptieren, ist für viele Menschen alles andere als leicht. Viel leichter ist es hingegen, das Problem bei anderen zu suchen, also z.B. bei den Mitarbeitern, die so mimosenhaft auf Nettigkeiten des Chefs angewiesen sind. Selbstkritik gehört dabei genauso zur Selbstannahme wie die Fähigkeit, sich über sich selbst lustig machen zu können. Dabei geht es nicht um Spott und Selbstabwertung, sondern um ein liebevolles Lächeln, mit dem man auf die eigenen Schwachstellen und Schrulligkeiten schauen kann.

Säule 3: Selbstverantwortung

Um in der Lage zu sein, sich selbst zu führen, bedarf es der Erkenntnis, dass unser innerer »State«, wie Psychologen unseren vorübergehenden Gemütszustand nennen, überhaupt in den eigenen Zuständigkeitsbereich fällt. Gerade im Angesicht von Unsicherheiten, Rückschlägen und Krisen neigen wir Menschen dazu, die Schuld dafür bei anderen zu suchen. Als Projektionsfläche muss dann oft der Chef, der Vorstand, die Kollegen oder das Umfeld herhalten, zumindest solange, bis man sich wieder aus dem eigenen Opfer-Modus verabschiedet hat.

Selbstverantwortung, unter Psychologen auch als Selbstwirksamkeit bezeichnet, beschreibt daher die Einsicht, dass jeder Mensch auch bei Rückschlägen für seine eigenen Geschicke und daher auch für seine eigene Innenwelt zuständig ist. Denn wer, wenn nicht wir, ist in letzter Konsequenz verantwortlich für die eigenen Gedanken und Emotionen, für unsere Ziele und Werte, für unsere Handlungen und Unterlassungen? Doch dies ist häufig deutlich leichter gesagt als getan, denn diese Verantwortung für sich selbst wiegt schwer und kann durchaus auch als Last empfunden werden. Leichter und vor allem bequemer ist es in jedem Fall, diese unangenehme Bürde anderen zuzuschieben. Für eine effektive Selbstführung ist die Übernahme der Verantwortung für sich selbst jedoch zwingend nötig.

Säule 4: Selbstfürsorge

Alle guten Vorsätze in Bezug auf Selbstführung funktionieren nicht, wenn das Maß an eigener Energie schlicht nicht ausreicht, um unsere Innenwelt auf sinnvolle Weise zu steuern. Wenn wir körperlich erschöpft sind oder uns geistig ausgelaugt fühlen, dann ist vor allem Selbstfürsorge gefragt, um die eigenen Batterien wieder zu aufzuladen. Ein ausgeschlafener Geist kann sehr viel mehr bewirken als ein übermüdeter, wie wir im Kapitel »Geist-Körper-Achse: gut für sich selbst sorgen« noch sehen werden. Wenn wir nach einem schwierigen Gespräch Dampf ablassen müssen oder einfach mal Stille brauchen, um unsere Gedanken zu sortieren, dann ist es zunächst einmal wichtig, diese grundlegenden Bedürfnisse zu stillen, bevor wir Höchstleistungen von uns erwarten. Das Gleiche gilt, wenn sich unser Körper nach Bewegung sehnt oder nach gutem Essen.

Selbstfürsorge bedeutet also, die eigenen grundlegenden Bedürfnisse, wie z. B. nach Schlaf, Bewegung, Essen oder Ruhe, wahrzunehmen und sie nach Möglichkeit zu stillen. Dies ist nicht mit Egozentrik oder Egoismus zu verwechseln. Es geht vielmehr darum, sich selbst und den eigenen Energielevel mindestens so ernst zu nehmen wie alle anderen Anforderungen, denen man versucht gerecht zu werden.

Säule 5: Selbstregulierung

Angenommen, Sie kennen sich selbst ganz gut und sind auch durchaus mit sich selbst im Reinen. Nehmen wir weiter an, dass Sie ebenfalls prinzipiell akzeptieren, dass Sie und kein anderer für Ihre eigenen Geschicke zuständig sind und dass es sinnvoll ist, ein Auge auf den eigenen Energielevel zu haben. Das bringt uns zum fünften Aspekt der Selbststeuerung: der willentlichen Regulierung der eigenen Innenwelt, d. h. unserer aktuellen Emotionen und Kognitionen.

Dieser Schritt ist meiner Erfahrung nach für die meisten Menschen mit der schwierigste. Er umfasst sowohl die Notwendigkeit, die Stellhebel zu kennen, mit denen sich die eigene Innenwelt effektiv zum Konstruktiven hin beeinflussen lässt, als auch die Selbstdisziplin, diese Erkenntnisse konsequent anzuwenden. Erschwerend kommt hinzu, dass wir die Erwartungshaltung haben, im Krisenfall einen magischen Trick anwenden zu können, der dafür sorgt, dass sich das Ungemach in Wohlgefallen auflöst. Bei Kopfschmerzen nehmen wir ja schließlich auch eine Tablette und alles ist im Nu vergessen.

Selbstregulierung hat allerdings häufig eher etwas von Rückenschule als von Kopfschmerztablette. Es geht hier um regelmäßige Routinen, die uns letztlich dabei unterstützen, geeignete Denkmuster und sogar die Ausprägung hilfreicher neuronaler Netzwerke im Gehirn zu fördern – und zwar, bevor es zum Ernstfall kommt. Selbstregulierung bedeutet also nicht, Symptome wie Wut und Hilflosigkeit angesichts eines Rückschlags zu ignorieren oder zu unterdrücken Es geht darum, durch Prävention und eine Art inneres Fitnesstraining den Umgang mit diesen Symptomen wesentlich zu erleichtern und so die psychische Verarbeitung der Herausforderungen, die das Leben uns beschert, zu beschleunigen.

Säule 6: Selbstaktualisierung

Sich selbst und damit auch seine Gefühle und Gedanken bewusst und aktiv steuern zu können, ist für viele Menschen kein besonders vertrauter Gedanke und schon gar keine gelebte Praxis. Dies gilt insbesondere dann, wenn gerade nicht alles rosig ist, sondern uns etwas betroffen, ängstlich oder ärgerlich macht.

Die Erkenntnis, nicht einfach das Opfer unserer Emotionen zu sein, sondern eine Wahl und Einflussmöglichkeit zu haben, wird auch als Selbstaktualisierung bezeichnet. Dadurch geben wir unserer Persönlichkeit quasi ein Update. Wir überschreiben die alte Version, die von hinderlichen Emotionen und Kognitionen noch willenlos davongetragen wurde wie ein Blatt im Wind, mit einer neuen Version, die in der Lage ist, einzugreifen und das Steuer für die eigene Innenwelt selbst in die Hand zu nehmen. Somit bilden wir ein neues sog. Habit aus. Was dadurch entsteht, nennt man in der Psychologie auch Selbstwirksamkeit, also die Überzeugung, seine Geschicke selbst beeinflussen zu können.

Der Regelkreis der Selbstführung

Stark vereinfacht kann man sich den Prozess der Selbstführung als eine Art Regelkreis vorstellen.

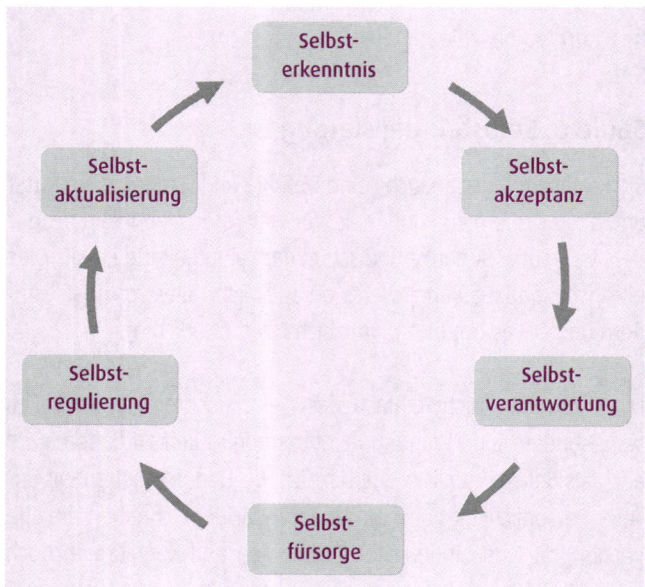

Der Regelkreis der Selbstführung

Warum ist effektive Selbstführung so wichtig?

Sich selbst zu führen gehört zweifelsohne zu den schwierigsten Aufgaben im Berufsleben. Aus unserer Arbeit mit Executives erfahren wir oft, dass viele Manager vor allem Gesprächsbedarf haben, was ihre »innere Führung« anbelangt. Natürlich klingt das am Beginn der Zusammenarbeit, wenn vielleicht noch die Personalabteilung oder der Vorgesetzte zugegen ist, jeweils ganz anders. Da dreht sich alles um Reflexion, um Strategie und um Positionierung. Ist der vertrauliche Rahmen aber erst einmal da, dann geht es in aller Regel zunächst um Selbstzweifel, fehlendes Vertrauen, überschießende Emotionen, unterdrückte aggressive Impulse, fehlende Empathie, Wertekonflikte oder fehlende Anerkennung. Und damit wir uns richtig verstehen: Das ist gut so!

Nur wer sich selbst gut führt, kann andere führen

Durch Selbsterkenntnis und die Arbeit an sich selbst werden die blinden Flecken kleiner und haben damit weniger unbewussten Einfluss auf das eigene Führungsverhalten und die Entscheidungen. Erst wenn man die eigenen Muster erkannt hat und versteht, wie sich diese verändern lassen, verlieren diese ihr Schadenspotenzial. Bevor wir also andere führen, ist es hilfreich, zunächst die Vorgänge und Mechanismen, die sich in unserem eigenen Bewusstsein abspielen und somit unser Handeln beeinflussen, genauer zu verstehen. Tatsächlich wird die Fähigkeit, die eigene Innenwelt positiv zu beeinflussen und damit als Vorbild für die eigenen Mitarbeiter zu dienen, in den nächsten Jahrzehnten eine immer größere Bedeutung für den Erfolg von Unternehmen haben. Sie wird damit auch für die Karriere von Führungskräften an Relevanz gewinnen. Wer es schafft, sich in seiner Umgebung trotz Unsicherheit und permanenten Wandels geistig agil, emotional belastbar und körperlich gesund zu erhalten, der tut sich nicht nur selbst einen Gefallen. Er handelt auch in Zeiten des »War for Talent« ökonomisch klug und umsichtig, denn er wird zu einem attraktiven Vorbild, dem Mitarbeiter folgen möchten. Es geht also schlussendlich darum, dass Führungskräfte ihre eigene Person, bestehend aus Körper, Geist und Seele, als ihre wichtigste Produktivressource erkennen und sich entsprechend fit machen.

Niemand käme auf die Idee, völlig unerfahren und untrainiert zu einem Marathon anzutreten. Aber viele Führungskräfte tun dies jeden Tag, denn sie gehen in der Regel ziemlich unvorbereitet an das Führen ihrer selbst, ihrer Mitarbeiter und Unternehmen heran, was definitiv eine anspruchsvolle und herausfordernde Langstreckendisziplin ist.

Effektive Selbstführung schafft Vertrauen

In Zeiten von Digitalisierung, Industrie 4.0 und Internet of Things wird die schnelle und grundlegende Veränderung von Geschäftsmodellen und Marktdynamiken zur neuen Normalität, die eine Industrie nach der anderen erfasst.

Diese Umwälzungen sorgen für ein großes Maß an Unsicherheit und nicht zuletzt dafür, dass Veränderungszyklen in Unternehmen immer kürzer werden und damit Reorganisationen in immer schnellerer Folge ganze Vorstandsbereiche und Abteilungen umkrempeln. Doch Mitarbeiter reagieren typischerweise nicht besonders euphorisch auf grundlegende Veränderungen, die sie persönlich betreffen, denn diese bedeuten für sie viele Unwägbarkeiten und sind damit potenziell bedrohlich. Das wird dann gerne auch als »Veränderungsresistenz« umschrieben. Und genau hier kommt das Vertrauen in die Führungskraft ins Spiel. Wenn Mitarbeiter ihrem Chef vertrauen, wenn sie davon überzeugt sind, dass er ihre Interessen und Belange im Blick hat, wenn sie sich als Person gewertschätzt fühlen, dann werden Veränderungen tendenziell besser »verstoffwechselt« und leichter umgesetzt. Fühlen sich Angestellte hingegen wie Vieh, das willkürlich und scheinbar grundlos von einer Ecke in die andere verschoben wird, sind Widerstände vorprogrammiert.

Doch wie soll man einem Chef vertrauen, der sich selbst nicht im Griff hat und sich als Opfer der Umstände fühlt? Warum sollte man jemandem folgen, der impulsiv ist und seine Mitarbeiter als Blitzableiter für seine schlechte Laune missbraucht? Eben.

> Gute Selbstführung führt zu hoher Vertrauenswürdigkeit. Dies ist allgemeingültig, gilt aber im Kontext von Veränderungen vor allem für Vorgesetzte.

Gute Selbstführung ist die Voraussetzung erfolgreicher Karrieren

Anfang 2016 habe ich eine Studie durchgeführt, in deren Rahmen mehr als 200 Manager, Unternehmer und Mitarbeiter aus verschiedenen Ländern des deutsch- und englischsprachigen Sprachraums befragt wurden. Dabei sollten sie aus 30 Faktoren die wichtigsten auswählen, die aus ihrer Erfahrung die Basis für eine erfolgreiche Karriere bilden.

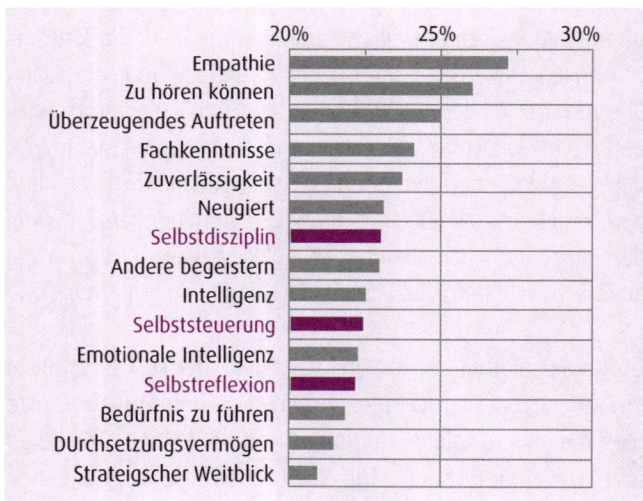

Fähigkeiten für langfristigen beruflichen Erfolg;
Quelle: Umfrage von K. Drath; Januar 2016

In der Grafik sind die Attribute und Skills dargestellt, die aus Sicht der Manager im oberen Karrieresegment von zentraler Bedeutung sind. Was auffällt ist, dass verschiedene Aspekte effektiver Selbstführung von Topmanagern als besonders wichtig für langfristigen Karriereerfolg angesehen werden.

Bezeichnend ist natürlich auch, dass allen voran die Selbstdisziplin steht, eine nicht nur preußische Tugend. Doch hier lauert eine Gefahr, wie wir mittlerweile aus der Resilienzforschung wissen. Wenn Manager das Konzept der Selbstführung ausschließlich mit »Selbstdisziplin« übersetzen, wie es in manchen älteren Managementbüchern auch nahegelegt wird, dann ist es nur eine Frage der Zeit, bis Lebensumstände beruflicher oder privater Natur eintreten, die härter sind als man selbst. Natürlich spielt eine gewisse Selbstdisziplin eine Rolle. Mindestens ebenso wichtig sind jedoch die Fähigkeit zur Eigenreflexion und das bewusste Wahrnehmen der eigenen Person bestehend aus Körper, Geist und Seele mit ihren aktuellen Bedürfnissen und Befindlichkeiten.

> Effektive Selbstführung hat nichts zu tun mit unreflektierter Härte gegen sich und andere. Langfristig erfolgreiche Führungskräfte sind vielmehr in der Lage, in ihrem Leben ein hohes Maß an Selbststeuerung und Disziplin mit Eigenreflexion und Bewusstsein zur eigenen Person zu kombinieren.

Die Folgen fehlender Selbstführung

Die vorherrschende Meinung in der Ausbildung von künftigen Managern geht immer noch davon aus, dass Emotionen, insbesondere destruktive, nicht in die Chefetage gehören. Führungskräfte sollen stets Ruhe, Gelassenheit, Zuversicht und Souveränität verbreiten. Gute Laune und gleichbleibende Sachlichkeit sind okay, aber negative oder gar destruktive Emotionen sind verpönt.

Jedes menschliche Wesen, also natürlich auch eine Führungskraft, hat jedoch einen inneren Strom von Gedanken und Gefühlen, in dem hin und wieder auch Wut, Zweifel und Ängste auftauchen können. Unser Gehirn ist einfach so konstruiert. Es versucht ständig, mögliche Probleme vorherzusehen und zu lösen, um mögliche Gefahren zu vermeiden.

Verdrängung macht alles nur noch schlimmer

Als Coaches arbeiten wir oft mit Führungskräften, die nicht nur unerwünschte Gedanken und Gefühle haben, sondern von ihnen auch gefangen sind wie ein Fisch am Haken. Entweder identifizieren sie sich mit den Gedanken und Gefühlen, oder sie vermeiden Situationen, die diese hervorrufen, wie z.B. neue Herausforderungen. Wenn sich Manager bereits mit ihren eigenen Denk- und Verhaltensmustern beschäftigt haben, kommt es mitunter dazu, dass sie sich selbst für ihre negativen Emotionen auch noch kritisieren. Die besonders Harten jedoch ignorieren ihre negativen Emotionen oder suchen, quasi zur Desensibilisierung, aktiv Situationen, die diese Gedanken und Gefühle in ihnen hervorrufen.

In jedem Fall nehmen destruktive Gedanken und Gefühle bei diesen Führungskräften zu viel Raum ein. Sie lenken kognitive Energie von anderen, wahrscheinlich wichtigeren Themenstellungen ab. Dies ist ein gängiges Problem, das häufig durch populäre Selbstmanagement-Strategien noch verstärkt wird. Wir treffen regelmäßig auf Manager mit wiederkehrenden emotionalen Schwierigkeiten, wie z.B. Entscheidungsangst, Angst vor Zurückweisung, einem ständigen Fokus auf empfundenen eigenen Schwächen, übergroßem Neid, die eigene hausgemachte Techniken entwickelt haben, um ihre Probleme in den Griff zu bekommen – häufig ohne Erfolg. Es liegt ausreichend Forschung vor, die nahelegt, dass der

Versuch, einen Gedanken bzw. eine Emotion zu ignorieren, sie im Gegenteil langfristig und dauerhaft verstärkt.

Es kann also nicht darum gehen, vermeintlich negative Impulse zu unterdrücken. Es muss vielmehr darum gehen, diese Energie sinnvoll zu kanalisieren, was auch als Selbststeuerung bezeichnet wird. Die Kompetenz, sich selbst zu führen, wird vor allem unter großem emotionalem Druck elementar, z. B. in kritischen Karrieresituationen.

Kein Zufall: kritische Karrieresituationen

Nach Untersuchungen des Center for Creative Leadership, kurz CCL, einer internationalen Organisation zur Fortbildung von Managern, erleben rund zwei Drittel aller Führungskräfte in den westlichen Industrienationen im Laufe ihrer Karriere eine Krise – oder es gibt einen Knick bzw. zumindest eine dunkle Stelle, die später in Erzählungen meist gut vertuscht wird. Im günstigsten Falle werden sie dann nur weggelobt, oft aber sinken sie in der Hierarchie ab, verlieren Macht und Einfluss – und häufig genug auch ihren Job.

Es gibt viele Gründe, warum Führungskräfte in ihrer Karriere Rückschläge erleben oder ungeplant einen kritischen Punkt in ihrer Entwicklung erreichen. Die meisten haben damit zu tun, dass in vielen Unternehmen Veränderungen immer schneller passieren und sich so immer häufiger neue Konstellationen in den Dimensionen Teams, Kollegen, Chefs, Freunde und Feinde ergeben – Ereignisse, auf die der Einzelne keinen Einfluss hat.

Langfristiger beruflicher Erfolg hat offensichtlich viel damit zu tun, solche kritischen Karrieresituationen möglichst gut zu überstehen und sich davon nicht verunsichern, verbittern oder vom eigenen Weg abbringen zu lassen. Manche scheitern aber nur vordergründig an diesen unvermeidbaren Entwicklungen auf dem Spielfeld. Denn oftmals liegen die Ursachen für eine berufliche Krise zumindest teilweise auch in den Eigenschaften und Verhaltensweisen der jeweiligen Führungskraft begründet. Diese Führungskräfte haben als Teil ihrer Persönlichkeit Denk- und Verhaltensmuster entwickelt, die sie buchstäblich entgleisen lassen. Ihre Selbstführung reicht nicht aus, um diese Muster in ausreichender Weise zu steuern. Vielmehr trifft häufig das Gegenteil zu: Sie werden unter Druck und Stress von ihren Mustern gesteuert.

Der »blinde Fleck« verhindert Selbsterkenntnis

Wenn die Verantwortung für die Krisen allerdings zu einem relevanten Teil im Verhalten und in der Persönlichkeit des Executives zu suchen ist, dann gelingt eine Vermeidung zukünftiger Krisen nur, wenn die jeweilige Führungskraft aus ihren eigenen Erfahrungen und Fehlern lernt. Und das wiederum erfordert einiges an externem Feedback und Selbsterkenntnis. Die beiden US-amerikanischen Sozialpsychologen Joseph Luft und Harry Ingham prägten für dieses Phänomen bereits 1955 den Begriff »Blinder Fleck«, da der jeweilige Manager etwas über sein Verhalten nicht weiß bzw. es nicht wahrnimmt, während es seiner Umgebung wohlbekannt ist. Solche blinden Flecken sind nach unserer Erfahrung eines der größten Risiken für Manager-Karrieren.

> Jeder hat Ecken und Kanten, aber diese nicht zu kennen bzw. ihre potenziell schädlichen Auswirkungen nicht in vollem Ausmaß zu begreifen, ist einfach fatal. Sie führen dazu, dass kritische Karrieresituationen aus Sicht des Managers aus heiterem Himmel kommen, während dessen Umfeld dies schon lange hat kommen sehen.

Zu viel Selbstakzeptanz führt zu Beratungsresistenz

Blinde Flecken kommen auch bei hochrangigen Managern erschreckend häufig vor. Das liegt vor allem daran, dass Führungskräfte allgemein zu wenig Feedback erhalten und sich selbst und ihr Verhalten zu selten reflektieren und hinterfragen. In vielen Unternehmen fehlen noch immer die Voraussetzungen für eine Kultur der konstruktiven Kritik, wie man sie z. B. durch regelmäßige 360°-Feedbacks oder Mitarbeiterbefragungen schaffen kann. Oder, schlimmer noch, die Befragungen werden durchgeführt, aber aus den Ergebnissen werden keine Konsequenzen gezogen.

In einer Anfang 2016 durchgeführten Studie befragte ich die teilnehmenden Manager nach ihren eigenen kritischen Karrieresituationen.

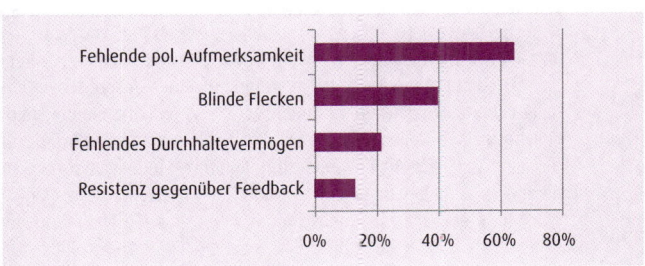

Vier karrieregefährdende Faktoren

- 10 % räumten ein, dass ihre Beratungsresistenz zu ihrem Karriere-Umbruch beigetragen hat.

- 22 % gaben an, dass sie bei der Arbeit an sich zu wenig Durchhaltevermögen gezeigt hatten.

- In 38 % der Fälle waren eigene blinde Flecken im Spiel gewesen.

- 65 % der teilnehmenden Manager hatten vorhandene politische Signale aus dem eigenen Umfeld nicht ernst genug genommen.

Das zeigt: Fokus auf die Arbeit ist wichtig, aber ein Tunnelblick ist gefährlich. Es ist für Manager elementar wichtig, die Augen und Ohren offenzuhalten und gut zuzuhören, wenn es um Feedback zur eigenen Arbeit geht. Denn ohne Motivation zur Veränderung ist jedes Coaching oder jede anderweitige Unterstützung fragwürdig bis sinnlos. Irgendwann ist der Punkt erreicht, an dem eine Unternehmensleitung gezwungen ist, einen Manager auszuwechseln, weil dessen Fehlverhalten trotz hervorragender Leistungen nicht länger tolerierbar ist.

BEISPIEL

Auch bei Steve Jobs war es nicht anders, als er 1985 im Alter von 30 Jahren vom Vorstand desjenigen Unternehmens entlassen wurde, das er selbst mitbegründet hatte. Aufgrund seines despotischen Verhaltens hatte er jeglichen Vertrauensvorschuss und alle Glaubwürdigkeit bei seinen Kollegen verspielt. Bei Apple-Mitarbeitern wurde er für seine visionäre Art gekoppelt mit Ignoranz, Sturheit und manipulierendem Verhalten zugleich bewundert und gefürchtet. Das ging so weit, dass es für diese Eigenschaften einen eigenen Namen in der Belegschaft gab: Reality Distortion Field (Realitäts-Verzerrungsfeld). Jobs blickte in einer Rede 2005 auf diese Zeit zurück mit den Worten: »Es war bittere Medizin, aber der Patient brauchte sie«.

Alles eine Frage der Übung

Vielen Managern gelingt es nicht, ihr Fehlverhalten aus eigener Kraft zu ändern. Viele sind der Meinung, dass das mit Ende vierzig oder Anfang fünfzig ohnehin nicht mehr geht. Schließlich funktioniert ja doch alles irgendwie ganz gut – wie der CIO eines DAX-Unternehmens einmal zu mir sagte: »Ich bin viel zu erfahren, um mich noch großartig zu verändern!« Heute ist er übrigens kein CIO mehr, sondern freischaffender Berater.

Doch dem ist natürlich nicht so, wie die moderne Hirnforschung mittlerweile hinreichend unter Beweis gestellt hat. Das Stichwort lautet »Neuroplastizität«. Der Begriff umschreibt die Fähigkeit des Gehirns, lebenslang neues Wissen und neue Fertigkeiten in sein komplexes Erfahrungsnetzwerk zu integrieren. Dr. Moritz Helmstaedter vom Max-Planck-Institut für Neurobiologie in Martinsried forscht u. a. zu diesem Gebiet. In Versuchen konnte er belegen, dass das Gehirn im Alter von 60 Jahren noch so leistungsfähig in Bezug auf Lernen ist, wie das Gehirn im Alter von 10 Jahren (siehe hierzu auch die Grafik).

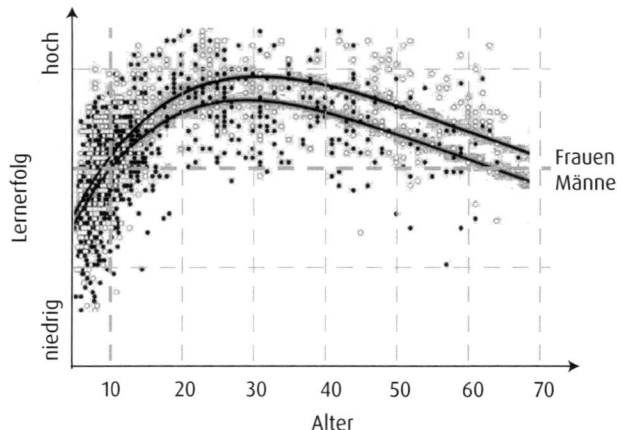

Lernerfolg nach Alter (nach M. Helmstaedter)

Das bedeutet nicht weniger, als dass individuelle Muster für unser Denken, Fühlen und Handeln jederzeit und bis ins hohe Alter bewusst durch wiederholte Verarbeitung anderer Muster veränderbar sind. Zwingende Voraussetzung dafür ist natürlich, dass die betroffene Führungskraft diese Verhaltensänderung auch wirklich erreichen will. Leichter geht das, wenn man einen erfahrenen Coach zurate zieht oder das Glück hat, an einen guten Mentor zu geraten. Zumindest sollte man sich eine Vertrauensperson aus dem persönlichen Umfeld suchen. Das kann ein Teamkollege, ein Vorgesetzter oder auch ein vertrauter Mitarbeiter sein. Sie kann man fragen, wie sie einen wahrnehmen – in Bezug auf Führung, Kommunikation, Teammanagement sowie persönliche Weiterentwicklung.

Gibt es plausible Kritik, so gilt es systematisch daran zu arbeiten. Das braucht Geduld und kostet Zeit. Nur Schritt für Schritt lässt sich eine Verbesserung des eigenen Verhaltens erzielen.

Die Arbeit an sich selbst hat nichts damit zu tun, seine Persönlichkeit aufzugeben, wie viele unserer Klienten befürchten. Es geht vielmehr darum, das eigene Potenzial zu heben und mehr davon in das alltägliche Tun zu integrieren. Es geht darum, man selbst zu sein, nur mit mehr Eleganz und Souveränität.

Wenn man sich, wie ich das tue, viel mit den Biografien erfolgreicher Manager beschäftigt dann wird deutlich, dass fast alle hart an sich arbeiten mussten, um limitierende und potenziell karrieregefährdende Eigenschaften in den Griff zu bekommen. Die schlechte Nachricht ist, dass dies eine Menge harter Arbeit und Selbsterkenntnis erfordert. Doch es gibt auch eine gute Nachricht: Wir sind nicht die Gefangenen unserer eigenen Persönlichkeit und den damit einhergehenden Verhaltenspräferenzen. Wir haben eine Wahl. Diese Eigenschaft ist das, was uns vom Tier unterscheidet. Wir können ein Verhalten wählen, dass den Präferenzen, die unsere Persönlichkeit ausmachen, zuwiderläuft, weil es die Situation erfordert und weil es uns erfolgreicher sein lässt. Das meine ich mit Eleganz und Souveränität. Jeder kann an sich arbeiten. Erfolgreiche Führungspersönlichkeiten tun dies zumeist einfach nur mit größerer Hingabe und Disziplin.

BEISPIEL

Nehmen wir Sir Richard Branson als Beispiel. Um seine Fluglinie Virgin zu promoten, verkleidet er sich sogar als bärtige Stewardess mit knallrotem Kostüm und passendem Lippenstift. Der Zeitung *Independent* sagte er: »Jedes Mal, wenn ich gebeten werde, so etwas zu machen, also mich selbst zum Narren zu halten, dreht sich mir der Magen um«. Tatsächlich sei nur wenig dieses Paradiesvogel-Gebarens wirklich Teil seiner Persönlichkeit, aber er habe gelernt, diese Rolle zu spielen, denn sie funktioniert hervorragend. Bevor Branson Chef einer Fluggesellschaft wurde, war er schüchtern und agierte eher im Hintergrund. Er musste an sich arbeiten, um mehr buntschillerndes Gehabe zu erlernen und sich dabei wohlzufühlen. Nur so konnte er sein Verhaltensrepertoire erweitern und seine Popularität zugunsten seines Unternehmens einsetzen.

Das Beispiel verdeutlicht, dass es möglich ist, den eigenen Werkzeugkoffer um weitere Tools anzureichern. Die Arbeit an den eigenen Verhaltensweisen kann aber auch noch andere Möglichkeiten eröffnen.

BEISPIEL

Als das Topmanagement von Cisco beschloss, seine Zusammenarbeit durch offenere Kommunikation und mehr Empowerment zu verbessern, war es ausgerechnet der damalige CEO Jahn Chambers, der dies ausgesprochen schwierig fand. Seit jeher war er daran gewöhnt, die Management Meetings zu dominieren, und es fiel ihm schwer, sich zurückzuhalten und nicht zu allen Punkten sofort seine Meinung zu äußern. Gegenüber der Harvard Business Review äußerte er sich 2014 wie folgt: »Am Anfang war es schwierig für mich, offen für mehr Kollaboration zu sein. Als ich aber lernte, die Kontrolle abzugeben und dem Team mehr Zeit einzuräumen, um zu den richtigen Schlussfolgerungen zu kommen, fand ich die getroffenen Entscheidungen genauso gut oder sogar noch besser als zuvor. Aber ich musste erst einmal die Geduld aufbringen, um das Team überhaupt denken zu lassen.«

Auch lange eingeübte Verhaltensmuster lassen sich ändern bzw. durch alternative Optionen ergänzen, indem man ganz bewusst anders agiert. Das geht jedoch nur, wenn der Wille zur Veränderung gegeben ist.

Wahr ist aber auch, dass Verhaltensweisen, die der eigenen Persönlichkeit zuwiderlaufen, mehr Energie von uns abfordern, als natürliche, seit der Kindheit eingeübte Reaktionsmuster. Eigenreflexion, Impulskontrolle und Selbstregulierung passieren eben nicht von alleine und erfordern einen kontinuierlichen Einsatz von kognitiver und emotionaler Energie.

BEISPIEL

Jeder stark introvertierte Mensch, der gerade eine öffentliche Rede hinter sich gebracht hat, wird Erschöpfung verspüren, nachdem die Aufregung abgeklungen ist.

Jede Person mit Flugangst, die gerade ihre Panik überwunden und einen Flug gemeistert hat, wird müde sein, nachdem der Adrenalinspiegel wieder auf einen normalen Wert gesunken ist.

Diese Energie muss regelmäßig wieder aufgetankt werden, sonst verhält es sich ähnlich wie mit einem Formel-1-Rennwagen, der permanent Kerosin verliert. Dies erfordert natürlich die prinzipielle Fähigkeit, sich überhaupt selbst zu spüren und den eigenen Energielevel wahrzunehmen.

Auf einen Blick: Im Fokus – Sie selbst

- Wie gut wir darin sind, unsere Emotionen und Gedanken in eine konstruktive Richtung zu lenken, uns also selbst gut zu managen bzw. zu führen, merken wir meist erst dann, wenn es schwierig wird: bei Konflikten, Problemen und Krisen.

- Selbstführung besteht aus den Bausteinen Selbsterkenntnis, Selbstakzeptanz, Selbstverantwortung, Selbstfürsorge, Selbstregulierung und Selbstaktualisierung.

- Effektive Selbstführung ist besonders für Führungskräfte wichtig, denn sie schafft Vertrauen bei Mitarbeitern, ist die Voraussetzung für dauerhaften Erfolg und vermeidet gefährliche blinde Flecken.

- Die gute Nachricht: bessere Selbstführung ist erlernbar. Sie lässt sich trainieren wie ein Muskel. Je mehr wir an uns arbeiten, desto stärker entwickelt sie sich.

Wie sich Selbstführung beeinflussen lässt

Werden wir mit Krisen, Schwierigkeiten und Rückschlägen konfrontiert, erkennen wir, wie es um unsere Selbstführung steht. In solchen Situationen zeigt sich der Grad unserer Flexibilität und Widerstandsfähigkeit.

In diesem Kapitel erfahren Sie u. a., warum Resilienz, also unsere Widerstandsfähigkeit, die Quelle unserer Selbstführung ist.

Außerdem lernen Sie ein Modell kennen, das Ihnen die Arbeit an Ihrer Selbstführung leichter macht.

Die Quelle der Selbstführung: Resilienz

Selbstführung ist die Fähigkeit, Konflikte, Krisen und Misserfolge durch eine willentliche Beeinflussung der eigenen Emotionen und Kognitionen konstruktiv zu verarbeiten. Die Forschungsrichtung, die sich mit dieser Art der inneren Widerstandsfähigkeit beschäftigt, nennt sich Resilienz.

Das Wort »Resilienz« leitet sich aus dem Lateinischen ab. Das Verb »resilire« bedeutet so viel wie »zurückspringen« oder »abprallen«. Der Begriff kommt ursprünglich aus der Materialwissenschaft. Dort beschreibt er die Fähigkeit eines Körpers, auf eine Einwirkung von außen elastisch zu reagieren und anschließend wieder seine ursprüngliche Form einzunehmen. Man könnte Resilienz also mit »Elastizität« oder »Wiederherstellungsfähigkeit« übersetzen. Übertragen auf den Menschen beschreibt sie die Fähigkeit, Krisen und Probleme unbeschadet zu bewältigen und an ihnen zu wachsen, ja, sogar gestärkt aus ihnen hervorzugehen. Das Fehlen von Resilienz wird auch als »Vulnerabilität« bezeichnet. Es leitet sich aus dem lateinischen Wort »vulnus« für »Wunde« ab.

Ursprünglich wurde das Konzept der Resilienz ausschließlich auf Kinder angewandt, denen es gelungen war, sich unter schwierigen Bedingungen, wie z. B. Krieg, Vertreibung, häusliche Gewalt, Armut, Kriminalität oder Drogenmissbrauch der Eltern, psychisch gesund und im Sinne der Gesellschaft positiv zu entwickeln. Das Konzept der Resilienz umfasste dabei die Schutzfaktoren, die es diesen Kindern ermöglichten, unter derart schwierigen Bedingungen gesund zu bleiben. Im Laufe der letzten Jahrzehnte diente der Begriff zunehmend auch als Beschreibung für eine allgemeine Kompetenz, die Menschen jeden Alters dabei unterstützt, Krisen erfolgreich zu bewältigen. Dies gilt heute nicht mehr nur für Extremsituationen, sondern auch generell für die Alltagsbewältigung, insbesondere auch hinsichtlich des Umgangs mit Leistungsdruck in Unternehmen.

Die prinzipielle Wirkungsweise von Resilienz zeigt sich in den verschiedenen Phasen, die auf ein als krisenhaft erlebtes Verhalten folgen.

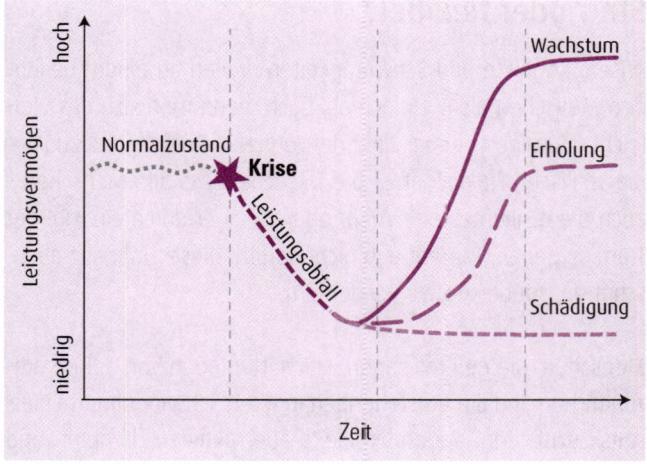

Verlauf einer Krise

Auf eine Krise folgt typischerweise bei jedem Menschen eine Phase eingeschränkter Leistungsfähigkeit. Diese kann sich

durch emotionale Instabilität oder Niedergeschlagenheit äußern, aber auch durch mangelnde Konzentration und Energielo-
sigkeit. Je nach Stärke der Krise und abhängig von der Persön-
lichkeitsstruktur und den Ressourcen der betroffenen Person,
entsteht wahlweise eine dauerhafte Schädigung, z.B. in Form
einer Depression, oder der Betreffende erholt sich und kehrt
damit zum ursprünglichen Leistungsniveau zurück. Dies kann je
nach Art der Krise Stunden, Tage oder Wochen dauern. Es gibt
aber auch Fälle, in denen Menschen an Krisen wachsen und aus
ihnen sogar gestärkt wie Phönix aus der Asche hervorgehen.

Starr oder flexibel?

Krisen, Konflikte und Schwierigkeiten prallen an einem gesun-
den Menschen nicht einfach ab, auch wenn man sich das vielleicht wünschen würde. Einer der zentralen Punkte in Bezug auf
die seelische Flexibilität ist die Tatsache, dass alle Menschen –
auch die resilientesten – mehr oder weniger durch ein »Tal der
Tränen« gehen. Es geht nun nicht darum, dieses Tal ganz abzu-
schaffen, sondern es zu verkleinern.

Menschen, die gelernt haben, Erschütterungen von außen auf-
zunehmen und die entstehenden inneren Schwingungen einerseits zuzulassen, sie andererseits aber aktiv zu dämpfen und
nicht noch zu verstärken, können besser mit den Widrigkeiten
des Lebens umgehen, als diejenigen, die starr allen Widrigkeiten versuchen zu trotzen.

Was begünstigt Resilienz?

Die Resilienzforschung hat in den letzten 60 Jahren versucht, den Faktoren auf die Spur zu kommen, die es Menschen ermöglichen, sich von Krisen besser und schneller zu erholen als andere.

The Sense of Coherence

Aaron Antonovsky war ein US-amerikanischer Soziologe, der 1960 nach Israel emigrierte und dort u. a. am Applied Social Research Institute arbeitete. Er beschäftigte sich in seinen Studien mit Frauen, die in Mitteleuropa zwischen 1914 und 1923 geboren wurden. Einige der Studienteilnehmerinnen waren in ihrer Jugend Gefangene in deutschen Konzentrationslagern gewesen und hatten dort Gewalt, Hunger und Tod miterlebt. Nach dem Ende des Krieges galten viele von ihnen jahrelang als Vertriebene, bis schließlich 1949 der Staat Israel ausgerufen und von der UNO anerkannt wurde. Aber auch danach hörten die Schrecken für sie nicht auf, denn Israel war binnen weniger Jahre in drei verschiedene Kriege verwickelt, die das Land zu vernichten drohten. Zu Antonovskys großem Erstaunen erfreuten sich rund ein Drittel (29 %) dieser Frauen einer guten psychischen Gesundheit, gerade einmal 22 % weniger als diejenigen, die den Holocaust nicht am eigenen Leib erfahren hatten.

Das warf die Frage auf, wie Menschen es schaffen, unter widrigsten Umständen gesund zu bleiben, was Antonovsky den Rest seines Lebens weiter beschäftigten sollte. In seinem vielbeachteten Buch »Health, Stress and Coping« stellte er 1979 die klassische Fokussierung auf krankmachende Faktoren im Gesundheitswesen infrage und prägte die Wortschöpfung »Salutogenese« (lateinisch »salus«: gesund; griechisch »genese«: Entstehung). Sie war die Bezeichnung für eine neue Forschungsrichtung, die sich mit Faktoren beschäftigt, die Menschen seelisch, aber auch körperlich gesund erhalten. Einer der zentralen Faktoren war dabei das Konzept des »Sense of Coherence«, zu Deutsch etwa »Kohärenzgefühl«, eine Eigenschaft bzw. Überzeugung, die Antonovsky bei allen KZ-Überlebenden vorgefunden hatte. Dieses Gefühl beschrieb er mittels vier zentraler Komponenten.

- **Verstehbarkeit:** Überzeugung, dass Ereignisse nicht einfach geschehen, sondern vielmehr einer höheren Ordnung unterliegen und sich somit prinzipiell vorhersehen lassen.

- **Machbarkeit:** Überzeugung, dass die eigenen Fähigkeiten und Erfahrungen sowie die vorhandene soziale Unterstützung und die Ressourcen ausreichen, um die anstehenden Herausforderungen zu bewältigen.

- **Sinnhaftigkeit:** Überzeugung, dass das Leben prinzipiell einen Sinn hat und wert ist, gelebt zu werden, unabhängig von den momentanen Schwierigkeiten.

- **Stimmigkeit:** Bestreben, die Geschehnisse im außen mit inneren Überzeugungen in Einklang zu bringen.

Antonovsky erkannte aber noch andere Faktoren, die einem Menschen dabei helfen, krisenhafte Situationen gesund zu überstehen. Diese bezeichnete er als allgemeine Widerstandsressourcen.

- **Anpassungsfähigkeit:** die Fähigkeit eines Menschen, sich an unterschiedliche krisenhafte Situationen flexibel anzupassen und im Laufe der Zeit weitgehend dagegen immun zu werden.

- **Vertrauensvolle Beziehungen:** die Einbindung eines Menschen in tiefe, vertrauensvolle Beziehungen, z. B. in der Familie, im Freundeskreis oder unter Kollegen, sodass die Person sich öffnen kann, ohne Ablehnung erwarten zu müssen.

- **Zugehörigkeit zu Gemeinschaften:** das Bestreben, durch Übernahme von Verantwortung in Institutionen wie Kirche, Schule oder Vereinen Sinn zu finden.

Antonovskys Erkenntnisse haben nicht nur die Medizin, sondern auch viele andere Wissenschaften geprägt. Allerdings wurde er zeitlebens dafür kritisiert, dass sein Ansatz, wenn auch einleuchtend, doch nur schwer beweisbar war. Hier kam eine Arbeit aus einem anderen Teil der Welt zur Hilfe, auch wenn deren Ergebnisse erst gut zehn Jahre später veröffentlicht wurden.

Die Kinder von Kauai

Emmy Werner, eine US-amerikanische Entwicklungspsychologin, gilt als die Grande Dame der Resilienzforschung. Als sie ihre Forschungstätigkeit an der University of California in der Nähe von Sacramento antrat, galt noch die Lehrmeinung, dass vor allem eine unzureichende mütterliche frühkindliche Obhut und mangeln-

de emotionale Ansprache (der Vater spielte in dieser Entwicklungs-
theorie keine wesentliche Rolle) automatisch zu einer späteren
Fehlentwicklung des Kindes in Richtung psychischer oder sozialer
Probleme führen würde. Dies wurde auch immer wieder wissenschaftlich untermauert, indem in vielen Studien nachgewiesen
wurde, dass seelisch kranke, kriminelle oder auf andere Art auffäl-
lig gewordene Jugendlichen in einem sehr großen Anteil der Fälle
aus einem problematischen Elternhaus kamen.

Allerdings verbarg sich hinter diesem Forschungsansatz ein lo-
gischer Fehler. Es lagen nämlich keine Erkenntnisse darüber vor,
ob Kinder aus problematischen Elternhäusern sich tatsächlich
in jedem Falle auch problematisch entwickeln. Werner wollte
diese methodische Schwäche umgehen, indem sie eine gesamte Population an Kindern, d.h. einen vollständigen und re-
präsentativen Querschnitt der Bevölkerung, über einen langen
Zeitraum beobachtete und in einer Längsschnittstudie den tat-
sächlichen Zusammenhang von Elternhaus und Entwicklung der
Kinder untersuchte. Diese Population fand sie etwa 4.000 Kilo-
meter weiter westlich auf der Hawaii-Insel Kauai.

Werner und ihr interdisziplinäres Team aus Psychologen, Kinder-
ärzten, Krankenschwestern und Sozialarbeitern erfassten dort
insgesamt 698 Kinder, die 1955 geboren wurden, und erhoben
ihre Daten im Alter von 1, 2, 10, 18, 32 und 40 Jahren. 210 der
untersuchten Heranwachsenden, das entspricht 30 %, wuchsen
dabei unter schwierigen Bedingungen auf. Arbeitslosigkeit, Armut, Vernachlässigung, Scheidung, Misshandlungen prägten

ihre Kindheit. Erwartungsgemäß bestätigte sich zunächst die Annahme, dass ein Großteil dieser Kinder aus problematischen Elternhäusern, etwa zwei Drittel, zwischen dem 10. und 18. Lebensjahr durch Lern- und Verhaltensprobleme auffiel, mit dem Gesetz in Konflikt geriet oder unter psychischen Problemen litt. Sehr erstaunlich war hingegen, dass ein Drittel der Kinder sich normal entwickelte. Sie absolvierten die Schulausbildung mit Erfolg, machten eine Ausbildung, fanden Arbeit, gingen eine Beziehung ein und gründeten schließlich eine Familie. Sie waren in das soziale Leben eingebunden, wurden nicht straffällig und entwickelten keine psychischen Störungen. Die bis dahin geltende Annahme, dass sich ein Kind aus problematischem Elternhaus zwangsläufig negativ entwickelt, wurde 1992 durch die Publikation der Arbeit von Werner in dem Buch »Overcoming the Odds: High Risk Children from Birth to Adulthood« nachhaltig widerlegt, was einer kleinen Sensation gleichkam.

Die Schutzfaktoren

Noch spannender war natürlich die Frage, was denn diese »resilienten Kinder« gemeinsam hatten. Wie Werner feststellte, verfügten sie über sog. Schutzfaktoren, die die negativen Auswirkungen widriger Umstände abmilderten. Die folgenden Faktoren hat sie identifiziert.

- **Vertrauensvolle Beziehungen:** Da die Eltern häufig nicht als Rollenvorbild oder Bezugsperson taugten, suchten sich diese Kinder meist andere Vertrauenspersonen, zu denen sie eine emotionale Beziehung aufbauten. Das konnten Geschwister,

Großeltern oder auch Nachbarn, Lehrer oder Pfarrer sein. Wichtig bei dieser Beziehung war vor allem die Erfahrung, dass jemand an das Kind glaubte und ihm die Bestätigung gab, etwas wert zu sein.

- **Rollenvorbilder:** Auch fungierten die meist gleichgeschlechtlichen Bezugspersonen unbewusst als Rollenvorbilder, von denen das Kind lernen konnte, Herausforderungen offensiv zu begegnen und Probleme konstruktiv zu bewältigen. In dieser Beziehung konnte es zudem seine Gefühle zum Ausdruck bringen, was wichtig für die emotionale Stabilität ist, und durch Befolgung konkreter Ratschläge schwierige Situationen verbessern.

- **Verantwortung:** Den Kindern, die sich normal entwickelten, übernahmen früh Verantwortung, z. B. für die Betreuung jüngerer Geschwister. Durch diese Verantwortung lernten sie früh, sich weniger auf sich selbst und die eigenen Probleme zu fokussieren. Auch erlebten sie das Engagement für andere häufig als eine Quelle von Sinn und positiver Bestätigung.

- **Realistische Erwartungen:** Die Kinder schätzten ihre Lage realistisch ein und setzten sich anspruchsvolle, aber realistische Ziele, die sie letztendlich meist auch erreichten.

- **Selbstbewusstsein:** Durch die Erfahrung, dass sie durch ihren Einsatz und ihr Engagement selbst etwas bewirken konnten und dass sie für ein bestimmtes Verhalten Anerkennung von Gleichaltrigen erhielten, entwickelten diese Kinder zumeist ein gesundes und realistisches Selbstbewusstsein und das Gefühl von Selbstwirksamkeit.

- **Persönlichkeit:** Die resilienten Kinder verfügten meist über ein eher ausgeglichenes und ruhiges Temperament. Zudem hatten sie die Fähigkeit, offen auf andere zuzugehen, und sich damit Quellen der Unterstützung selbst zu erschließen.

Eine weitere Erkenntnis aus den von Emmy Werner und ihrem Team erhobenen Daten war, dass individuelle Resilienz nicht nur in der Kindheit wirkt. Ein großer Teil der Heranwachsenden, die sich zunächst problematisch entwickelt hatten und durch Kriminalität oder Drogensucht aufgefallen waren, führte im Alter zwischen 32 und 40 Jahren ein normales, erfolgreiches Leben.

Die Arbeit von Emmy Werner und ihrem Team verschob damit grundlegend den Fokus der Entwicklungspsychologie weg von der Fragestellung »Was lässt Menschen im Leben scheitern?«, hin zu der Blickrichtung »Was lässt Menschen im Leben erfolgreich sein?« Die Erkenntnisse von Werner wurden bis heute in zahlreichen Studien weltweit bestätigt. Doch wie lassen sich diese Erkenntnisse auf Führungskräfte übertragen?

Arbeiten an sich selbst auf verschiedenen Ebenen

Wie gelingt es Menschen, in schwierigen Situationen auf Kurs zu bleiben? Wenn man mit Persönlichkeiten spricht, die in ihrem Leben ein ausgesprochen hohes Maß an Selbstführung unter Beweis gestellt haben, empfinden diese ihre Leistung zumeist als normal und als nichts Besonderes. Sie sind sich häufig ihrer Kompetenz nicht bewusst, sondern meistern eben ihr Leben, so gut sie können, und ergreifen die Chancen, die sich ihnen bieten. Das zeigt: Es braucht meist einiges an Zeit und Reflexion, um die eigene Fähigkeit wahrzunehmen.

BEISPIEL

Hans-Olaf Henkel ist heute ein weltgewandter Mann mit einer Aura, die ans Aristokratische grenzt. Überraschenderweise kommt er nicht aus einem wohlbehüteten Elternhaus. Nachdem sein Vater im Zweiten Weltkrieg gefallen war, wuchs er als Halbwaise auf und verbrachte sogar mehrere Monate in Kinderheimen, die damals kein sonderlich angenehmer Ort waren. Nach einer Odyssee durch insgesamt 14 Schulen schaffte er schließlich die mittlere Reife und machte eine Lehre zum Speditionskaufmann. In Abendschulen belegte er über viele Jahre Kurse in Betriebs- und Volkswirtschaft sowie in Soziologie. Gut 40 Jahre später, nach einer Karriere im Management von IBM und als Cheflobbyist des BDI, wurde Henkel zum Präsidenten der Leibniz-Gemeinschaft ernannt, einem Zusammenschluss deutscher Forschungsinstitute unterschiedlicher Fachrichtungen. Sogar eine Schmetterlingsart wurde nach ihm benannt.

Das FiRE®-Modell

Für unsere Arbeit mit Managern benötigten wir ein einfaches und zugleich umfassendes Modell, das die Komplexität der bisher vorliegenden Forschungserkenntnisse minimiert und dennoch nicht trivial ist. Daher haben wir die verschiedenen Faktoren effektiver Selbstführung zu einem räumlichen Konstrukt zusammengefasst, das wir als FiRE-Modell bezeichnen. Die Abkürzung steht dabei für »Factors of improved Resilience Effectiveness«.

Es dient dazu, Strategien zum Erhalt bzw. der Verbesserung der Resilienz von Führungskräften sowohl zu entwickeln als auch zu trainieren, damit sich schwierige Situationen oder gar Krisen weniger gravierend für den betroffenen Manager auswirken oder ihn im Idealfall sogar stärken. Entwickelt wurde das FiRE-Modell unter Zuhilfenahme fundierter Konzepte mehrerer anerkannter Psychologen, Psychiater, Soziologen. Biologen und Hirnforscher.

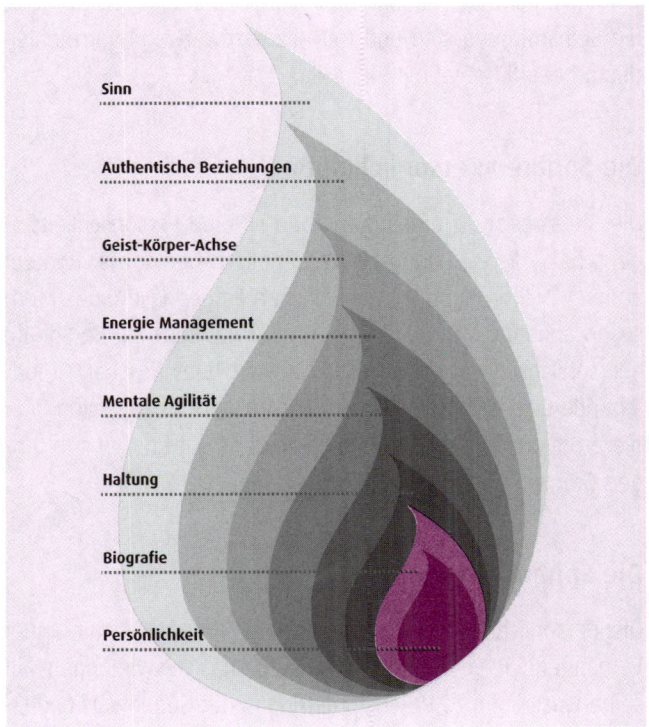

Das FiRE-Modell

Das Modell besteht aus acht ineinander ruhenden Sphären mit von innen nach außen zunehmendem Radius. Dies soll symbolisieren, dass die äußeren Ebenen der Resilienz, d.h. Sinn und authentische Beziehungen, leichter vom Individuum zu beeinflussen sind als der innere Kern, d.h. die eigene Biografie und die Persönlichkeit selbst. Im mittleren Bereich finden sich mit der Geist-Körper-Achse, dem Energie Management, der mentalen Agilität und der Haltung drei Ebenen, die ebenso zentral für die Selbstführung sind und mit einigem Aufwand vom Individuum beeinflusst werden können.

Die Sphäre »Persönlichkeit«

Die Stressresistenz eines Menschen ist eine Persönlichkeitseigenschaft, die zur einen Hälfte genetisch bedingt ist und zur anderen Hälfte von der frühkindlichen Prägephase eines Menschen abhängt. Von allen Sphären der Resilienz ist die Sphäre »Persönlichkeit« am wenigsten bewusst beeinflussbar. Grundlegende Eigenschaften wie Introversion bzw. Extraversion oder die emotionale Stabilität eines Menschen sind nur in sehr engen Grenzen willentlich dauerhaft zu ändern.

Die Sphäre »Biografie«

Die Persönlichkeit eines Menschen ist untrennbar mit seiner Vergangenheit verbunden, was wiederum Auswirkungen auf seine Einstellung zu Herausforderungen der Gegenwart und Erwartungen an die Zukunft hat.

Ein zentraler Aspekt der Biografie sind die Krisen und schwierigen Zeiten, die ein Mensch bereits in seinem Leben bewältigt hat. Sie sind wichtige Ressourcen, wenn es darum geht, mit neuen belastenden Situationen konstruktiv umzugehen und sich davon buchstäblich nicht unterkriegen zu lassen. Bei Licht betrachtet besteht unsere Biografie tatsächlich aus drei verschiedenen Gruppen von Ressourcen:

- Da wären zunächst die schlimmen, manchmal vielleicht sogar traumatischen Ereignisse. Doch diese haben wir mittlerweile zumeist verarbeitet, so dass wir sie als erlebte Erfahrungen betrachten können, die zwar schmerzhaft aber auch sehr lehrreich waren.

- Dann wären da die positiven Erlebnisse, unsere Sternstunden, Glücksmomente und Erfolge. Diese geraten schnell in Vergessenheit. Es gilt sie präsent zu haben, damit sie uns bei der Bewältigung aktueller Krisen Selbstvertrauen und Rückhalt geben.

- Die dritte Gruppe sind die gemachten Lernerfahrungen und Sichtweisen, die wir uns in Bezug auf das Leben zu eigen gemacht haben. Sie prägen unser Weltbild und sind bei der Bewertung aktueller Schwierigkeiten von großer Bedeutung.

Die Sphäre »Haltung«

Die innere Haltung eines Menschen beeinflusst seinen Umgang mit den Herausforderungen des Lebens. Sie entscheidet letztlich darüber, ob eine aufkommende Krise oder ein nahendes Problem als Überforderung oder aber als Herausforderung gesehen wird. Die innere Haltung gibt den Gedanken und Gefühlen einer Person im Angesicht von Schwierigkeiten quasi eine Richtung und hat damit Auswirkungen auf die Qualität des Handelns.

Sieht eine Führungskraft sich als »Gestalter«, der seines eigenen Glückes Schmied ist? Oder fühlt er sich eher als »Opfer«, dem die Dinge über den Kopf wachsen, das sich selbst bedauert und die Verantwortung für seine Misere bei anderen sieht? Eine solche Opferhaltung drückt sich in der verbalen und non-verbalen Kommunikation aus, vermindert die eigene emotionale Souveränität sowie das Denkvermögen und reduziert damit auch die Qualität der Entscheidungen. Und dennoch ist es nicht leicht, sich aus einer Opferhaltung zu lösen. Das wissen wir alle.

Darüber hinaus können uns grundlegende, unbewusste Entscheidungen das Leben betreffend, in der Psychologie auch Glaubenssätze genannt, im späteren Berufsleben in die Quere kommen. Diese Strategien, die in Kinder- und Jugendtagen effektiv waren, um Zuwendung zu erhalten, sind meist auch ein effektiver Antrieb für die spätere Karriere, allerdings zu einem hohen Preis. Viele Manager, mit denen wir arbeiten, haben Glaubenssätze verinnerlicht wie z. B.: »Wenn ich nicht alles gebe, werde ich nicht akzeptiert.« Diese tiefliegende Überzeugung setzt einerseits ungeheure Kräfte frei, andererseits kann sie sich auf Dauer negativ auf das soziale Leben, die nötige Regeneration und die persönliche Zufriedenheit eines Menschen auswirken. Solche Glaubenssätze gilt es zu überdenken und gegebenenfalls mit einem Update zu versehen.

Die Sphäre »Mentale Agilität«

In dieser Sphäre geht es um die Fähigkeit und den Willen, immer weiter zu lernen, flexibel auf rasch wechselnde Rahmenbedingungen zu reagieren und souverän mit Unsicherheit und Komplexität umzugehen. Abhängig von ihrer Verantwortung müssen Führungskräfte heute mehr denn je in der Lage sein, zügig weitreichende Entscheidungen zu treffen, obwohl die Datenlage widersprüchlich ist und sich zudem ständig ändert. Das erfordert zum einen eine gesunde Intuition und zum anderen das Selbstbewusstsein, mit suboptimalen Entscheidungen leben zu können. Vor allem bedarf es aber der Bereitschaft, beim Betreten von Neuland die eigene Komfortzone zu verlassen, sowie der Fähigkeit und des Willens zur Improvisation. Mentale Agilität hat etwas damit zu tun, skeptisch gegenüber tradierten Erfahrungswerten zu sein und anstatt dessen davon auszugehen, dass Umbrüche geschehen werden. Es bedeutet, Muster zu erkennen und aus scheinbar unzusammenhängenden Erkenntnissen neue Einsichten zu gewinnen.

Die Sphäre »Energie Management«

Die Sphäre »Energie Management« beschäftigt sich mit einfachen, schnell wirksamen Strategien, um den eigenen Energie-Level gezielt zu verbessern. Sie sind der Erste-Hilfe-Kasten für Führungskräfte und alle, die dann daran arbeiten möchten, sich zu erden, Kraft zu tanken, Distanz zu Alltagsproblemen zu schaffen und sich so für schwierige Situationen zu wappnen. Die Bandbreite der möglichen Ressourcen, aus denen man neue Energie ziehen kann, ist dabei groß und individuell sehr unterschiedlich.

Ressourcen müssen jedoch meist erst erarbeitet und danach regelmäßig angewendet werden, damit sie positiv wirken können.

Die Sphäre »Geist-Körper-Achse«

Der Mensch besteht aus Körper und Geist. Beide sind eng miteinander verbunden. Sie beeinflussen sich wechselseitig und sollten deshalb gleichermaßen Beachtung finden. Dies gilt in besonderem Maße für Führungskräfte. Sie haben oft, bedingt durch lange Arbeitszeiten und häufiges Reisen, einen Lebenswandel, der einem sorgsamen Umgang mit dem eigenen Körper zuwiderläuft. Zudem werden unter Führungskräften in besonderem Maße Belastbarkeit, Härte und Robustheit verherrlicht, was das rücksichtsvolle Haushalten mit den eigenen Energiereserven schwierig macht.

Die Arbeit an der Geist-Körper-Achse beginnt bei der Schlafmenge und der Qualität der Ernährung und führt über verschiedene Formen der körperlichen Aktivierung, wie beispielsweise Ausdauersport, Yoga oder autogenem Training bis hin zu Achtsamkeits- und Meditationsübungen. Ebenfalls gehört die Messung von körperlichen Stressindikatoren dazu, z. B. des Ruhepulses, mit dem Ziel, die eigene Selbstwahrnehmung zu schärfen.

Die Geist-Körper-Achse hat die Fähigkeit, das Erleben von akutem negativem Stress sowohl mittelfristig abzumildern als auch kurzfristig zu unterbrechen. Die Arbeit in dieser Sphäre konzentriert sich darauf, mithilfe des Körpers ein größeres Maß an Ausgeglichenheit sowie mehr gedankliche Klarheit zu erzielen.

Die Sphäre »Authentische Beziehungen«

Mit wem sprechen Sie, wenn Ihnen etwas »an die Nieren« geht? Wer bildet Ihren ganz persönlichen Aufsichtsrat? Vertrauensvolle, ehrliche Beziehungen sind gerade für Führungskräfte wichtig, da sie hier nicht die Rolle des stets souveränen Entscheiders mimen müssen, der zu allen Problemen stets eine Lösung parat hat. Authentische Beziehungen zu Freunden, vertrauten Kollegen, Mentoren oder einem Coach geben einem Manager die Gelegenheit, auch einmal Zweifel oder Ängste zeigen zu dürfen. Das macht solche Beziehungen ausgesprochen wertvoll.

Die Beziehungen sollten natürlich eine gewisse Qualität und Tiefgang haben. Nicht ständig, aber zumindest hin und wieder. Doch je höher man auf der Karriereleiter klettert, umso weniger erlaubt es der Lebenswandel, tiefergehende zwischenmenschliche Beziehungen zu unterhalten. Auch weiß man oft nicht, wer es wirklich noch ehrlich mit einem meint oder wer nur Nähe sucht, um sich selbst einen Vorteil zu verschaffen. Von vielen erfolgreichen Führungskräften wird die Tragweite solcher authentischen Beziehungen unterschätzt. Der Pflege solcher Kontakte wird eine entsprechend niedrige Priorität eingeräumt – bis dann irgendwann keine Freunde mehr da sind, die noch Zeit mit einem verbringen wollen, besonders wenn es hart auf hart kommt.

Die Sphäre »Sinn«

Beruflich engagierte und erfolgreiche Menschen führen meist ein Leben auf der Überholspur. Sie leisten viel, nehmen jede Menge Unannehmlichkeiten für ihren Job in Kauf, verzichten oftmals auf ein erfülltes Privatleben. Die entscheidende Frage lautet: zu welchem Zweck? Was soll durch die Art der eigenen Lebensführung anders werden in der Welt? Geht es um eine formale Karriere? Ist Status der Treiber oder Macht? Geht es um Einfluss und Gestaltungsmöglichkeiten? Geht es um ein besseres Leben für die Kinder oder darum, von der Nachwelt in Erinnerung behalten zu werden? Die Antworten auf solche Fragen liefern die Werte einer Person. Sie bilden das Koordinatensystem für das eigene Handeln. Wenn die Handlungen mit den eigenen Werten weitgehend übereinstimmen, entsteht Stimmigkeit.

Wer wirklich einen Sinn in dem sieht, wofür er sich engagiert – für den sich also sein Handeln nicht nur richtig, sondern bedeutsam anfühlt – kann beruflichem Druck und Lebenskrisen besser trotzen. In der Sphäre »Sinn« geht es folglich darum, die persönlichen Werte einer Führungskraft zu erarbeiten und herauszufinden, was ihr wirklich bedeutsam ist im Leben. Wo möchten Sie in Ihrem Leben einen echten Unterschied machen? Wofür möchten Sie stehen? Für wen oder wofür möchten Sie etwas Besonderes leisten?

Nur wer resilient ist, kann sich effektiv führen

Die Konzepte Selbstführung und Resilienz hängen eng miteinander zusammen. Offensichtlich wird dies, wenn man den Regelkreis der Selbstführung (siehe hierzu das Kapitel »Der Regelkreis der Selbstführung«) mit dem FiRE-Modell vergleicht.

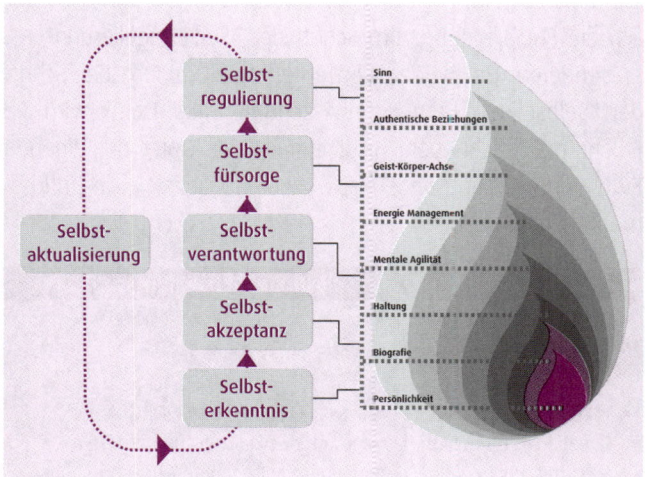

Regelkreis der Selbstführung und FiRE-Modell

Das bessere Kennenlernen der eigenen Persönlichkeit mit ihren Ecken und Kanten hat seine Entsprechung im Schritt der »Selbsterkenntnis«. Die Auseinandersetzung mit der eigenen Lebensgeschichte, mit ihren Höhen und Tiefen, mit ihren Erkenntnissen und Entscheidungen hat viel mit dem Schritt der

»Selbstakzeptanz« zu tun. Die innere Haltung, die ein Manager gegenüber den Herausforderungen des Alltags bewusst oder unbewusst einnimmt, findet ihre Entsprechung im Schritt der »Selbstverantwortung«. Gleiches gilt für den Aspekt der mentalen Agilität, die das Gegenteil von »Eingefahrensein« und Routine ist. Die Sphären »Energie Management« und »Geist-Körper-Achse« bilden den Aspekt der »Selbstfürsorge« ab, während die Sphären »Authentische Beziehungen« und »Sinn« schließlich die Entsprechung zum Schritt der »Selbstregulierung« repräsentieren. Bei beiden Konzepten spielt zudem der Schritt der »Selbstaktualisierung« eine zentrale Rolle. Damit wird die Erkenntnis beschrieben, nicht einfach das Opfer der eigenen Emotionen zu sein, sondern sowohl eine Wahl als auch Einflussmöglichkeit zu haben.

Auf einen Blick: Wie sich Selbstführung beeinflussen lässt

- Resilienz ist die Fähigkeit, Krisen und Probleme unbeschadet zu bewältigen und an ihnen zu wachsen, ja, sogar gestärkt aus ihnen hervorzugehen.

- Je resilienter wir sind, desto besser können wir mit schwierigen Situationen umgehen. Das Maß unserer Resilienz und unsere Selbstführung stehen daher in einem untrennbaren Zusammenhang miteinander.

- Es gibt wissenschaftlich nachgewiesene Faktoren, die Menschen resilienter werden lassen. Sie spielen auch eine Rolle, wenn es um effektive Selbstführung geht.

- Ein Modell, das die Stellhebel beschreibt, mit denen sich die Qualität der eigenen Selbstführung positiv beeinflussen lässt, ist das FiRE-Modell.

Fitnesstraining für Ihre Selbstführung

Führungskräfte mit einer ausgeprägten Selbstführung gehen mit ihren negativen Emotionen und Gedanken bewusst und konstruktiv um. Doch wie kommt man dahin? Wie funktioniert so eine emotionale und kognitive Fitnessarbeit?

In diesem Kapitel lernen Sie ein ganzheitliches Training kennen, das Sie dabei unterstützt, Ihre Selbstführung deutlich zu verbessern.

Arbeit an sich selbst braucht Zeit

Arbeit an sich selbst, insbesondere an der eigenen Selbstführung, ist nichts anderes als mentales und emotionales Fitnesstraining. Es bringt nichts, sich bei einem Fitnessstudio anzumelden und dann nicht oder nur einmal im Monat hinzugehen. Und es hat ebenfalls keinen Sinn, im Fitnessstudio nur die Bar und die Sauna aufzusuchen, wenn man Muskelmasse auf- und Fett abbauen möchte. Fitnesstraining wirkt hingegen nachweislich immer, wenn man es diszipliniert regelmäßig zwei bis drei Mal die Woche über einen langen Zeitraum praktiziert, wenn man dabei ins Schwitzen gerät und hin und wieder sogar bis an die eigene Schmerzgrenze geht.

Mit psychischer Fitness verhält es sich nicht anders. Die Arbeit an der eigenen Selbstführung trägt nur dann Früchte, wenn sie als ein innerer Prozess verstanden wird, der über viele Monate und Jahre andauert. Ein Buch oder ein Seminar ist ein guter Anfang, aber auch nicht mehr. Die eigentliche Arbeit findet in einem selbst statt, durch kritische Eigenreflexion und Selbstbeobachtung und durch Ausprobieren von neuen Denk- und Verhaltensweisen. Mitunter bedeutet das, die dunklen Ecken im Keller aufzusuchen und sich selbst vielleicht ein paar unschöne Wahrheiten einzugestehen. Vielleicht gilt es, ein paar alte Zöpfe abzuschneiden und die Komfortzone zu verlassen. Eventuell erfordert Arbeit an sich selbst auch, sich selbst überhaupt erst wichtig zu nehmen und an sich selbst die gleiche Gründlichkeit und Nachhaltigkeit walten zu lassen, die man auch jedem anderen Projekt widmen würde. Arbeit an sich selbst ist nicht immer angenehm, aber sie lohnt sich.

Und wie im Fitnesstraining kann man diese Arbeit alleine oder in der Gruppe machen. Oder man kann sich von einem Personal Trainer bzw. Coach begleiten lassen.

Ein anderer Aspekt, der eine wichtige Rolle spielt, ist der Zeitpunkt, zu dem man mit dem Training seiner Resilienz beginnt. Wenn jemand segeln will, beginnt er damit typischerweise nicht bei Windstärke zehn, sondern bei einem beherrschbaren Wind mit vielleicht drei bis vier Windstärken. Mit der Resilienz verhält es sich ähnlich. Die innere Widerstandsfähigkeit wird am effektivsten *vor* dem Eintreten einer schwierigen beruflichen Situation geschult und nicht erst, wenn das Kind bereits in den Brunnen gefallen ist.

Die Arbeit an der eigenen inneren Führung kann und soll, abhängig von den Präferenzen des Einzelnen, durchaus auf verschiedenen Ebenen stattfinden. Das FiRE-Modell kann hier eine gute Orientierung sein, um mögliche Ansatzpunkte zu identifizieren. Es gibt dabei keine spezifische Reihenfolge, in denen die einzelnen Sphären abgearbeitet werden sollen. Es macht vielmehr Sinn, auf möglichst vielen Ebenen anzusetzen, um die bestmöglichen und nachhaltigsten Effekte zu erzielen.

Persönlichkeit: mehr über sich erfahren

Bei der Arbeit auf der Ebene der »Persönlichkeit« geht es darum, die eigene Person mit ihren Eigenschaften, Stärken und Schwächen besser kennenzulernen, um sich selbst besser steuern zu können. Das gelingt durch Selbstreflexion, Feedback von außen und durch Instrumente der Persönlichkeitspsychologie.

Selbstbild und Fremdbild

Das Selbstbild, das viele Führungskräfte von sich haben, stimmt nicht immer voll und ganz damit überein, wie sie von anderen in ihrem Umfeld gesehen werden. Häufig ist eher das Gegenteil der Fall. Ein erster Schritt der Selbsterkenntnis ist es daher, Eigen- und Fremdbild miteinander in Einklang zu bringen. Was zunächst einfach klingt, ist aber gar nicht so trivial. Zunächst gilt es nämlich, das Fremdbild, das andere Menschen von uns haben, überhaupt zu erfahren. In vielen Unternehmen werden heute ab einer gewissen Führungsspanne 360°-Feedbacks angeboten. Diese gibt es sowohl als Internet-Fragebogen oder auch in der »handgemachten« Version, die dann durch persönliche Gespräche mit einem Coach erhoben werden. Unsere Empfehlung ist, solche Möglichkeiten stets zu nutzen.

Aber selbst, wenn keine solchen Feedbacks angeboten werden, kann man sein Umfeld direkt befragen. Dies erfordert neben einigem an Mut auch die Fähigkeit gut zuzuhören. Im Folgenden einige typische Fragen aus unseren Interviews, die Sie für ein Gespräch mit einem Feedback-Geber nutzen können:

- Was sind aktuell meine größten Herausforderungen?

- Was sind meine größten Stärken?

- Was sind meine größten Schwächen?

- Wie gut bin ich darin, Mitarbeiter zu entwickeln?
- Wie gut gelingt es mir, ein effektives Team zu bilden?
- Wie verhalte ich mich unter Stress?
- Wie geschickt gehe ich mit Politik um?
- Wie gut vermarkte ich mich und mein Team?
- Wie gut bin ich darin, Silos im Unternehmen zu überwinden?
- Wie würden Sie meinen Führungsstil beschreiben?
- Was möchten Sie mir in Bezug auf meine weitere Entwicklung mit auf den Weg geben?

So weit, so gut. Aber es gibt noch eine Schwierigkeit. Was passiert, wenn Führungskräfte Rückmeldungen erhalten, die sie nicht erwartet hatten? Je größer die Abweichungen zwischen Eigen- und Fremdbild sind, desto mehr kann ein Feedback wehtun. Dies gilt natürlich insbesondere dann, wenn das Fremdbild deutlich negativer ausfällt, als man sich selbst sieht. In diesem Fall aktiviert die Persönlichkeit Abwehrmechanismen, die das Feedback abschwächen, relativieren oder entkräften sollen, um das eigene Selbstbild zu schützen.

Am Global Leadership Center der renommierten französischen Business School INSEAD hat man die Gründe zusammengetragen, die Manager in den Programmen dort am häufigsten vorbringen, um Feedback zu relativieren und nicht an sich heranzulassen.

Zehn Gründe Feedback abzulehnen

1. Meine Ratgeber kennen mich nicht gut genug.
2. Mein Job zwingt mich, so zu handeln. In Wirklichkeit bin ich so nicht.
3. Das muss ein Software-Fehler sein.
4. Niemand versteht mich wirklich richtig.
5. Damit kann ich nicht gemeint sein.
6. Der Zeitpunkt dafür ist gerade ungünstig.
7. Meine Ratgeber haben die Fragen nicht verstanden.
8. Mein Chef will, dass ich mich so verhalte – eigentlich bin ich viel besser.
9. Die anderen sind nur neidisch auf meinen Erfolg.
10. Es stimmt, aber es interessiert mich nicht.

Was sich amüsant liest, ist es tatsächlich nicht. Fehlende Offenheit für Feedback, auch Beratungsresistenz genannt, ist eine der größten Gefahren für Führungskräfte. Wenn Sie sich selbst in einer oder mehrerer der Aussagen wiederfinden, sollten Sie also aufhorchen.

Wie gehen Sie mit Rückschlägen um?

Die persönliche Grundausstattung eines Menschen hat eine starke Auswirkung auf seine Selbstführung. Ziel sollte es daher sein, zunächst die Aspekte und Facetten der eigenen Persönlichkeit zu reflektieren:

- Wie gehen Sie aktuell mit Rückschlägen um?
- Welche Ihrer Persönlichkeitseigenschaften sind dabei hilfreich, welche eher hinderlich?

- In welche Denkfallen geraten Sie für gewöhnlich unter großem emotionalem Stress?
- Wie gut sind Sie allgemein darin, sich selbst zu steuern?

SWOT-Analyse

Die SWOT-Analyse ist ein Instrument des strategischen Managements, das bereits in den 1960er Jahren an der Harvard Business School entwickelt wurde. SWOT steht dabei für Strength (Stärke), Weakness (Schwäche), Opportunity (Chance) und Threat (Risiko). Auch wenn die Methode eigentlich zur Strategieentwicklung in Unternehmen gedacht ist, so lässt sie sich doch auch bestens für die Bestandsaufnahme der eigenen Selbstführung einsetzen. Wichtig ist dabei nicht die Methode an sich, sondern die tiefe Eigenreflexion, die für viele Manager nach meiner Erfahrung immer wieder eine Herausforderung ist. Viele Führungskräfte sind von Hause aus eher Macher als Denker. Das ist zweifelsohne eine große Qualität, birgt aber auch Gefahren, vor allem, wenn es darum geht, sich selbst zu beobachten und das eigene Handeln kritisch zu hinterfragen.

Die folgende Grafik zeigt ein Beispiel für eine ausgefüllte SWOT-Analyse. In diesem Fall handelt es sich um meine Eigenreflexion.

Beispiel für eine SWOT-Analyse	
Strength (Stärke)	**Weakness (Schwäche)**
• Bin meist ausgeglichen	• Unsicherheit strengt mich an
• Kann gut mit Stress umgehen, wenn ich Sport mache und genug schlafe	• Versuche, Konflikte zu vermeiden
	• Neige zu Selbstzweifeln
• Bin erfolgreich	
Opportunity (Chance)	**Threat (Risiko)**
• Unsicherheit eher als Chance sehen	• Komme leicht in eine Abwärts-spirale, wenn ich nicht gut für mich sorge
• Konstruktiveren Umgang mit Konflikten finden	• Neige zu Katastrophen-Szenarien
• Konsequenter meine Interessen vertreten	

Nun sind Sie an der Reihe. Was sind Ihre Erkenntnisse? Nehmen Sie sich Zeit für die Eigenreflexion mit der SWOT-Analyse.

> Sie können die Analyse auch als Struktur verwenden, um von Menschen, denen Sie vertrauen, Feedback einzuholen.

Kennen Sie Ihre Traits?

Menschen entwickeln charakteristische Verhaltensweisen nicht ohne Grund. Insbesondere unter Druck werden oft die ältesten Anteile der menschlichen Persönlichkeit dominant: die sog. Traits. Hierbei handelt es sich um zeitstabile Verhaltenspräferenzen, die nur sehr schwer bis gar nicht willentlich zu ändern sind. Um das Fremdbild zu verstehen, das das Umfeld von einer Führungskraft hat, ist es sehr sinnvoll, dieses durch eine Erhebung der Traits, quasi als Innenansicht der Persönlichkeit, zu komplettieren.

Die Big-Five-Verfahren

Die Traits eines Menschen lassen sich über persönlichkeitspsychologische Testverfahren ermitteln. Die etabliertesten Verfahren hierzu sind bekannt als die Gruppe der »Big Five«-Verfahren. Bei diesem Fünf-Faktoren-Modell handelt es sich um eines der ältesten und am besten erforschten psychometrischen Verfahren. Die Persönlichkeit eines Menschen lässt sich danach mittels fünf Dimensionen unterscheiden:

1. Neurotizismus
2. Extraversion
3. Offenheit für Erfahrungen
4. Verträglichkeit
5. Gewissenhaftigkeit

Für die Interpretation der Big Five ist es wichtig zu verstehen, dass es sich dabei um Eigenschaften einer Persönlichkeit handelt, nicht aber um Kompetenzen oder aber Stärken bzw. Schwächen. Von daher gibt es prinzipiell keine guten oder schlechten Ausprägungen, auch wenn manche Ausprägungen sicherlich sozial eher erwünscht sind als andere, wie z. B. Extraversion.

Rohe und erarbeitete Resilienz

Der Bereich der sog. rohen Resilienz bildet hier allerdings eine Ausnahme. Dieser Aspekt der Persönlichkeit wird von zwei der fünf Faktoren der »Big Five« repräsentiert. Es handelt sich hierbei um »Bedürfnis nach Stabilität« und »Extraversion«.

Aktuelle Forschungserkenntnisse legen nahe, dass sich das Konstrukt der inneren Widerstandsfähigkeit bei einem Erwachsenen in die »rohe« Resilienz der Persönlichkeit unterteilt und außerdem in die »erarbeitete« Resilienz, welche die Summe aller Strategien zur Selbststeuerung repräsentiert, die sich ein Mensch im Laufe seines Lebens erarbeitet hat.

Betrachten wir zunächst diese sog. rohe Resilienz. Wenn Sie z.B. durch einen sehr lauten Knall erschreckt werden, werden Sie unweigerlich die Augen für einen kurzen Moment schließen – vorausgesetzt, Sie sind gesund und bei Bewusstsein. Diese Reaktion wird auch als Schrecksekunde bezeichnet. Die Länge dieser Schockstarre bei jedem Menschen lässt erste Rückschlüsse auf dessen neurologische Widerstandsfähigkeit gegen überraschende Entwicklungen in der Umwelt zu. Diese Eigenschaft ist ein Indikator für die »rohe Resilienz«, denn sie wird jedem Menschen in die Wiege gelegt. Während sich diese Persönlichkeitseigenschaft nicht willentlich verändern lässt, trifft exakt das Gegenteil auf die Strategien zur Selbststeuerung zu. Jeder Mensch findet für sich im Laufe des Lebens mehr oder weniger effektive Strategien, um sich selbst zu managen, wenn er negativem Stress ausgesetzt ist. Diese Strategien unterfallen der erarbeiteten Resilienz.

Das Bedürfnis nach Stabilität

Die Dimension »Bedürfnis nach Stabilität« spiegelt individuelle Unterschiede im Erleben und in der Bewältigung von herausfordernden Situationen wider. Hohe Werte entsprechen einer hohen Empfänglichkeit für negativen Stress, stehen aber auch für Empathie. Menschen mit einer hohen Ausprägung neigen eher dazu, sich von Ereignissen in der Umwelt leicht aus der Ruhe bringen zu lassen. Sie tendieren eher zu Unsicherheit, machen sich mehr Sorgen und brauchen generell länger, um sich von Stress zu erholen. Sie können gut Probleme antizipieren und haben oft eine ausgeprägte Fähigkeit, sich in andere Menschen hineinzuversetzen.

Niedrige Werte stehen für eine hohe Widerstandsfähigkeit gegen Stress, repräsentieren aber auch tendenziell eine weniger stark ausgeprägte Fähigkeit mit anderen mitzufühlen. Personen mit einer niedrigen Ausprägung sind eher ruhig und ausgeglichen und erleben seltener starke Gefühlsschwankungen. Auch neigen sie dazu, Gefühle weniger intensiv wahrzunehmen.

Aus der Resilienzforschung wissen wir heute, dass in der Big-Five-Logik ein niedriges Maß des »Bedürfnisses nach Stabilität« als Schutzfaktor anzusehen ist. Der Hintergrund ist, dass uns bei einer niedrigen Ausprägung dieses Wertes schlichtweg kaum etwas länger aus der Ruhe bringen kann. Umgekehrt gelten hohen Werte auf der Skala »Bedürfnis nach Stabilität« als Risikofaktor für die rohe Resilienz, da Menschen mit dieser Ausprägung allgemein leicht unter negativen Stress geraten.

Extraversion

Diese Eigenschaft beschreibt Unterschiede im Umgang mit anderen Menschen, insbesondere in Situationen, die als energiezehrend bzw. energiegebend empfunden werden. Hohe Werte bedeuten, dass jemand Energie daraus gewinnt, aktiv und mit vielen Menschen in Kontakt zu sein. Diese Menschen sind oft gesellig, personenorientiert, herzlich, optimistisch und leicht zu begeistern.

Niedrige Werte bedeuten, dass jemand eher Energie daraus zieht, mit wenigen Menschen in Kontakt zu sein und seine Ruhe zu haben. Diese Personen wirken häufig eher zurückhaltend bei sozialen Interaktionen. Sie bevorzugen Einzelgespräche und sind oft gerne unabhängig.

Ein hohes Maß an Extraversion gilt als Schutzfaktor. Menschen mit dieser Ausprägung fällt es leicht, mit anderen über ihre Innenwelt zu sprechen, ein Aspekt, der von zentraler Bedeutung für die innere Stabilität ist.

Und wie steht es um Ihre rohe Resilienz?

Wie sind die Aspekte der Faktoren »Bedürfnis nach Stabilität« und »Extraversion« bei Ihnen ausgeprägt? Durch die Abschätzung Ihrer Ausprägung dieser sog. Sub-Traits können Sie ungefähr Ihr Maß an roher Resilienz ermitteln.

Beginnen Sie beim Aspekt der »Sensitivität« und markieren Sie auf der dazugehörigen Skala, welche Beschreibung am ehesten für Sie zutrifft. Hand aufs Herz: Beschreibt Sie »Ist fast immer entspannt« oder trifft »Sorgt sich häufig« doch eher zu? Markieren Sie den Skalenwert, der Sie am ehrlichsten beschreibt. Nutzen Sie dafür die gesamte Breite der Skala. Wiederholen Sie diesen Schritt für alle anderen Sub-Traits wie »Temperament«, »Auslegung« usw. Wenn Sie alle Ihre Werte für alle Sub-Traits auf diese Weise abgeschätzt haben, bilden Sie von unten nach oben den Mittelwert aus den Skalenwerten. Dieser beschreibt dann die Ausprägung des Traits in Ihrem Fall.

	Niedrig	Mittel	Hoch
Bedürfnis nach Stabilität	**Belastbar**	**Besonnen**	**Sensibel**
Sensitivität	Ist fach immer entspannt	Ist ab und zu besorgt	Sorgt sich häufig
Temperament	ist normalerweise ruhig	ist gelegentlich ausgeregt	Braust schnell auf
Auslegung	Eher optimistisch	Bevorzugt realistische Erklärungen	Weniger optimistisch
Regenerationszeit	Baut Stress schnell ab	Regeneriert sich durchschnittlich schnell	Braucht länger zur Regeneration
Extraversion	**Introvertiert**	**Ambivertiert**	**Extrovertiert**
Enthusiasmus	Bleibt sehr kontrolliert	Zeigt positive Gefühle in begrenztem Umfang	Zeigt positive Gefühle deutlich
Geselligkeit	Arbeitet lieber allein	Sucht gelegentlich die Gesellschaft anderer	Arbeitet lieber mit anderen zusammen
Dynamik	Eher geringer Arbeitslevel	Moderater Aktivitätslevel	Hoher Arbeitslevel
Führungsmotivation	Ist lieber unabhängig von anderen	Übernimmt u.U. Verantwortung für andere	Übernimmt gerne Führungsverantwortung
Vertrauensbereitschaft	Ist anderen gegenüber skeptisch	Vertraut anderen begrenzt	Vertraut anderen bereitwillig

Wie sind diese Aspekte bei Ihnen ausgeprägt? Schätzen Sie sich selbst ein.

Diese Einschätzung ist natürlich keineswegs mit einem wissenschaftlichen Testverfahren zu verwechseln. Aber aus meiner Erfahrung liefert sie durchaus brauchbare Tendenzen.

Was aus der Einschätzung folgt

Für jede Führungskraft sollte es ein Teil der eigenen Professionalität sein, auf die Verbesserung der eigenen Selbstführung Wert zu legen. Dabei ist die Herausforderung für Menschen mit einem hohen Maß an »roher« Resilienz anders als für besonders sensible Menschen.

- Menschen mit ausgeprägter roher Resilienz sehen typischerweise keine Notwendigkeit darin, auf sich selbst zu achten, und haben das folglich auch nie kultiviert. Sie verfügen über eine eher schwach ausgeprägte Empathie, umgangssprachlich ausgedrückt eine »dicke Haut«. Sie scheinen oft ein hohes Maß an Energie zu haben und sind nur schwer von ihrem Kurs abzubringen. Sie sind hart zu sich selbst und zu anderen. Für diese Menschen scheint es keine Schwäche zu geben – bis dann irgendwann mal eine Lebenssituation kommt, die größer und gewaltiger ist als sie und die sie nicht bewältigen können. Aus unserer Arbeit kennen wir zahlreiche Fälle von Managern, die an einer solchen Situation zerbrochen sind, weil sie keine Strategien zur Selbststeuerung kultiviert haben, um mit ihrer Schwäche konstruktiv umzugehen und sich wieder an sich selbst aufzurichten.

- Personen mit einem niedrigen Maß an roher Resilienz kennen dagegen ihre Schatten und Dämonen nur zu gut. Sie sind eher sensibel, lassen sich von Konflikten und Unsicherheit aus der Ruhe bringen und machen sich viele Gedanken. Sie haben, so gut es geht, ihren Frieden damit gemacht und mehr oder minder bewusst Techniken entwickelt, um sich selbst zu stabilisieren. Aber sie fühlen sich keineswegs unverwundbar. Sie kennen ihre eigenen Täler. Für diese Gruppe von Entscheidern geht es darum, sich ihrer Selbstverantwortung bewusst zu werden und ihre Selbststeuerung weiter zu kultivieren und zu professionalisieren.

Biografie: von der eigenen Geschichte profitieren

Die Sphäre »Biografie« beschäftigt sich mit Ressourcen zur Bewältigung von schwierigen Situationen, die in der eigenen Vergangenheit liegen.

Kraft aus der Vergangenheit ziehen

Die Art, wie ein Mensch seine Lebensgeschichte sieht, insbesondere sein Blick auf schwierige Phasen und belastende Erlebnisse, ist entscheidend für seine Haltung gegenüber Gegenwart und Zukunft und damit für seine Selbstführung. Das Interessante daran ist, dass unsere Biografie dabei in der Tat nicht statisch ist. Die meisten Menschen neigen zu der Annahme, dass es exakt nur eine Wirklichkeit gibt, die wir mit unseren Sinnesorganen aufnehmen und in unserem Gedächtnis als exakte Kopie der Wirklichkeit abspeichern. Diese Gedächtnisinhalte halten wir für ein unveränderliches Abbild der real existierenden Wirklichkeit. Die Summe unserer Gedächtnisinhalte, so die Annahme, bildet schließlich dauerhaft unsere unverfälschte und chronologische Lebensgeschichte.

Diese Annahmen sind heute dank der Erkenntnisse der Hirnforschung allesamt überholt. Das episodische Gedächtnis besteht aus einzelnen Erinnerungen, sog. Engrammen, die in Bildern und Geschichten organisiert sind. Da das Gehirn nicht zwischen Sinneseindrücken, Sachinhalten und emotionaler Bewertung unterscheidet, ist die eigene Lebensgeschichte nicht statisch. Vielmehr ist sie insbesondere in Bezug auf die emotionale Bewertung von vergangenen Ereignissen durchaus veränderbar. Um die innere Widerstandsfähigkeit zu stärken, macht es Sinn, sich intensiver mit der eigenen Geschichte zu beschäftigen.

Die eigene Geschichte erzählen

Wie ist Ihr Leben bisher verlaufen? Was kommt Ihnen da sofort in den Sinn? Die meisten Menschen erinnern sich spontan an eine Handvoll Ereignisse, die ihr bisheriges Leben geprägt haben. Diese Ereignisse stechen in ihrer Erinnerung heraus, andere verblassen dagegen.

Welche Lebensereignisse haben Ihr Leben am stärksten geprägt? Worauf sind Sie stolz? Was ist Ihnen peinlich? Was gibt Ihnen heute noch Kraft? Was macht Sie traurig oder wütend?

Manche fühlen sich unwohl, wenn es um die Arbeit an der eigenen Geschichte geht. Insbesondere belastende Situationen in der Kindheit und Jugend schlummern im Bereich des vermeintlich Vergessenen. Die Konfrontation mit diesen Erinnerungen ist manchmal unangenehm und steht im starken Kontrast zur heutigen Souveränität und Stärke. Dennoch ermutigen wir unsere Klienten, sich mit den dunklen Ecken im eigenen Keller zu beschäftigen, denn nur so verlieren diese ihren Schrecken. Die eigene Lebensgeschichte kann man sehr detailliert oder sehr grob beschreiben. Wir bestärken unsere Klienten darin, dies so detailliert und facettenreich wie möglich zu tun. Entscheidend ist dabei einzig und allein, was für den Erzählenden bedeutsam erscheint.

Es mag uns so vorkommen, als sei unsere Lebensgeschichte einfach so mit uns passiert. Tatsächlich lässt sich die Biografie eines Menschen auch als eine Sammlung von Ressourcen verstehen.

Die folgende Grafik zeigt eine Möglichkeit, die eigene Lebensgeschichte zu dokumentieren und die Entwicklung der Lebensenergie oder Resilienz über die Zeit zu visualisieren. Gehen Sie dazu am besten wie folgt vor:

- Erstellen Sie zunächst eine Übersicht zentraler Lebensereignisse angefangen von Ihrer Kindheit.

- Notieren Sie anschließend zu jedem Ereignis Ihr damals empfundenes Maß an Lebensenergie bzw. Wohlbefinden (+10 bis –10).

- Visualisieren Sie diese Ereignisse in einem Diagramm wie unten dargestellt.

- Welche wesentlichen Erkenntnisse haben Sie in Ihrem Leben gewonnen? Welche grundlegenden Entscheidungen haben Sie getroffen? Machen Sie Ihre Entscheidungen und Erkenntnisse im Diagramm kenntlich.

Welche Muster fallen Ihnen an Ihrer Biografie auf? Ich bin mir sicher, dass Sie bereits zahlreiche schwierige Situationen in Ihrem Leben meistern mussten. Wie können Ihnen diese Erfahrungen heute nützlich sein? Die Erkenntnisse der narrativen Psychotherapie zeigen, dass bereits das bloße Beschreiben der eigenen Lebensgeschichte sich nachhaltig positiv auf den eigenen Gemütszustand auswirkt, da positive und negative Ereignisse miteinander entlang eines Zeitstrahls verbunden werden.

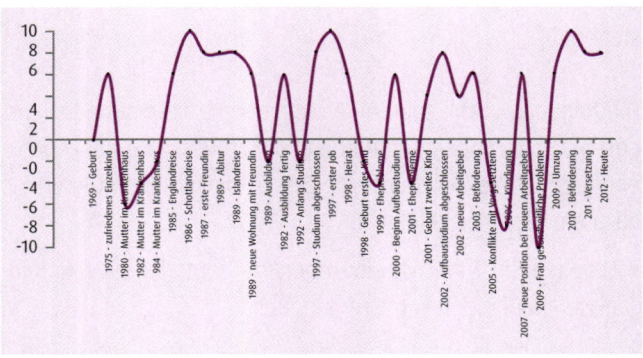

Dokumentation zentraler Ereignisse der eigenen Lebensgeschichte

Durch die grafische Darstellung werden darüber hinaus besonders belastende Ereignisse in einen Kontext mit anderen Erleb-
nissen gesetzt, die vielleicht neutral oder positiv besetzt sind.
Dies wirkt sich vor allem positiv auf die Selbstakzeptanz aus
und kann Menschen helfen, sich mit belastenden Anteilen in
ihrer Vergangenheit zu versöhnen.

Haltung: zu einer positiveren Einstellung finden

Die Sphäre »Haltung« steht dafür, Strategien zu entwickeln, um
die eigene innere Haltung bewusst konstruktiv beeinflussen zu
können. Die Einstellung oder innere Haltung einer Führungskraft ist entscheidend für die Art, wie sie mit belastenden Situationen umgeht. Sie hat daher einen maßgeblichen Einfluss
auf deren innere Widerstandsfähigkeit. Sie entscheidet darüber,
ob eine schwierige Entwicklung eher als Herausforderung verstanden wird, die Ansporn zur Höchstleistung ist, oder aber als
Überforderung, die früher oder später in die Resignation führt.

Opfer- oder Gestalterhaltung?

Die innere Haltung eines Menschen ist etwas Unwillkürliches,
d.h., sie wird typischerweise nicht bewusst eingenommen, ist
aber wahrnehmbar und kann von daher auch mit einiger Übung
beeinflusst werden. Dies bezeichnen wir auch als Selbstverant-

wortung. Von zentraler Bedeutung ist dabei, wo ein Mensch die Instanz verortet sieht, die die Kontrolle über sein Schicksal hat.

Ist diese Instanz innerhalb seiner Person selbst angesiedelt, so spricht man auch von einer »internen Verortung von Kontrolle« (»internal locus of control«). Diese Menschen erkennt man daran, dass sie, und nur sie, sich für ihr Schicksal zuständig fühlen. Man bezeichnet diese Einstellung auch als »Gestalterhaltung«.

Nimmt eine Person dagegen das Schicksal als eine Macht wahr, gegenüber der sie hilflos ist und die sie nicht beeinflussen kann, so wird das auch als »externe Verortung von Kontrolle« (»external locus of control«) bezeichnet. Personen mit dieser Überzeugung machen oft andere für Ereignisse bzw. Missgeschicke verantwortlich, weshalb man diese Einstellung auch als »Opferhaltung« bezeichnet.

Jeder Mensch hat aufgrund seiner Persönlichkeit und Biografie eine Neigung zu einer der beiden Haltungen. Diese steht aber nicht zwangsläufig fest, sondern kann durch Arbeit an sich selbst verändert werden. Im Folgenden gebe ich Ihnen einige Ansätze an die Hand, mit denen Sie Ihre innere Haltung bewusst wahrnehmen und verbessern können.

Selbstverantwortung stärken

Ein hohes Maß an Selbstverantwortung ist ein entscheidender Aspekt einer effektiven Selbstführung. Das bedeutet konkret, dass Menschen, die für alle Aspekte ihres Lebens in Vergangenheit, Gegenwart und Zukunft die volle Verantwortung übernehmen, eher mehr innere Stärke und Widerstandsfähigkeit mobilisieren können als andere, die das nicht tun. Die Aspekte unseres Lebens lassen sich dabei vereinfachend in drei verschiedene Bereiche unterteilen.

1. Den ersten Bereich »Kontrolle« können wir direkt steuern. Dieser umfasst z. B. den eigenen Körper, die Familie, das Team, die Abteilung und das Verhältnis zu Mitarbeitern, Kollegen und Vorgesetzten. In diesem Bereich kann jeder einen direkten Unterschied machen.

2. Der zweite Bereich »Einfluss« beinhaltet alle Aspekte des Lebens, die ein Mensch indirekt beeinflussen kann. Dazu gehören z. B. das Betriebsklima, die Strategie des Bereichs, Innovationen oder die Förderung bestimmter Initiativen.

3. Der dritte Bereich »Sorge« lässt sich hingegen vom Einzelnen auch bei größtem persönlichen Einsatz so gut wie gar nicht beeinflussen. Um diesen Bereich kann man sich nur Gedanken machen, z. B. über die Trumps und Putins dieser Welt, den Brexit oder die Firmenstrategie.

Auf welchen dieser Bereiche verwenden Sie den größten Teil Ihrer Energie? Wo üben Sie direkt oder indirekt Einfluss aus und übernehmen Verantwortung für die Geschehnisse? Und auf welche Dinge, die Sie nicht beeinflussen können, verwenden Sie viel Zeit?

Gerade in Unternehmen, die einer Menge von Veränderungen ausgesetzt sind, treffen wir auf viele hochrangige Führungskräfte, die eine Menge Zeit und Energie darauf verwenden, sich über Dinge zu beklagen, die schiefgelaufen, aber nicht mehr zu ändern sind. In dieser Zeit nutzen sie nicht die ihnen zur Verfügung stehenden Handlungsspielräume. Dies ist zwar menschlich, aber nicht sonderlich sinnvoll. Menschen mit einem hohen Maß an Resilienz beschäftigen sich hingegen sehr viel mit den Bereichen, die sie direkt kontrollieren und indirekt beeinflussen können. Sie verbringen vergleichsweise wenig Zeit damit, sich um Dinge zu sorgen, die außerhalb ihres Machtbereichs oder in der Vergangenheit liegen.

Noch deutlicher wird es, wenn persönliche Niederlagen hinzukommen und Manager in die Rolle des Opfers verfallen. Dadurch wird der Bereich, den sie kontrollieren oder beeinflussen können, nochmals künstlich verkleinert, und zwar durch ihr eigenes Zutun. Das Schwierige daran ist, dass sich diese Führungskräfte häufig nicht bewusst darüber sind, was sie da tun, selbst dann nicht, wenn man sie darauf hinweist. Die reflexhafte Gewohnheit, andere für das eigene Ungemach verantwortlich zu machen, ist bei vielen lange antrainiert. Wird dies thematisiert, dann reagieren sie überwiegend mit Unverständnis und Aggression darauf.

Trifft das auch auf Sie zu? Wo sind Sie in der Opferhaltung? Was ist Ihr Vorteil daraus, sich als Opfer zu fühlen und nicht die Verantwortung für sich zu übernehmen? Was wird dadurch besser?

Was wird dadurch schlechter? Was brauchen Sie von sich, um die Opferrolle zu verlassen?

Die Opferhaltung verlassen

Sich als Opfer zu fühlen, bringt Emotionen mit sich wie Angst, Wut, Scham, Hilflosigkeit und mitunter sogar Hoffnungslosigkeit. Dies sind allesamt keine besonders angenehmen oder gar erstrebenswerten Gefühle. Umso mehr verwundert es, dass manche Führungskräfte eine lange Zeit in der Opferhaltung zubringen und sich beständig weigern, diese zu verlassen. Manche halten sich dort viele Monate auf und einige auch noch länger. Wenn ein energetischer Zustand über einen längeren Zeitraum vorhält, so geschieht dies nicht ohne Grund. Dies trifft für die Natur im Allgemeinen zu und auch für die menschliche Psyche im Speziellen. Die Opferhaltung muss also auch gewisse Vorteile haben. Und genau das ist auch der Fall. Hier gibt es verschiedene Aspekte.

- **Schuld:** Ein Manager im Opfer-Modus trägt keine Schuld, denn ihm wurde ja von anderen übel mitgespielt.

- **Recht:** Er ist emotional im Recht und moralisch gesehen gegenüber dem Widersacher erhaben. Ihm gebührt Solidarität und Beistand von anderen.

- **Verantwortung:** Er ist nicht für die Geschehnisse verantwortlich, denn er kann ja in dieser Situation nichts machen. Ihm sind die Hände gebunden.

- **Zuspruch:** Wenn einem etwas Schlimmes widerfährt, kann man von anderen Zuspruch und Anteilnahme erwarten.

- **Freibrief:** Einem, der viel verloren hat, lässt man Fehlverhalten und Entgleisungen eher durchgehen, denn er verdient Schonung.

Es gibt also durchaus einige triftige Gründe, sich selbst in der Opferrolle kritisch zu hinterfragen. Das ist aber leichter gesagt als getan, denn unser Gehirn wird in derart belastenden Situationen vom Schmerzzentrum mit Adrenalin und Noradrenalin förmlich geflutet, was u.a. zu wenig hilfreichen Denkmustern führt, die es zunächst zu erkennen und dann zu durchbrechen gilt. Der erste Schritt, die Opferhaltung zu verlassen, besteht daher darin, sich selbst einzugestehen, dass man sich möglicherweise überhaupt in ihr befindet.

Die Perspektive wechseln

Eine hilfreiche Strategie dafür ist das Verändern der Perspektive auf eine herausfordernde Lebenssituation. Diese Technik lässt sich leicht erlernen.

Übung: Perspektivenwechsel

Begleiten Sie mich auf eine kleine Reise. Stellen Sie sich vor, Sie sehen sich selbst von oben, aus der Luft. Von oben ist vielleicht zu sehen, wie Sie alleine über einem Problem brüten und oder sich die Haare raufen und wie ein Tiger im Käfig auf- und ablaufen. Jetzt zoomen Sie sich allmählich aus dem Bild heraus. Das Abbild Ihrer eigenen Person wird kleiner. Der Abstand zwischen Ihrem Betrachter-Ich und Ihrem Problem-Ich nimmt zu. Die Umrisse von Räumen, Häusern und Straßen kommen ins Bild. Sie zoomen weiter aus dem Bild. Jetzt werden Straßenblocks und

Übung: Perspektivenwechsel

Stadtviertel sichtbar. Sie erhöhen die Entfernung weiter. Nun sind ganze Städte zu sehen. Wenig später sieht man die Umrisse von Ländern, später von Kontinenten. Sie nehmen wahr, wie sich der Abstand zu Ihrem Problem immer weiter erhöht. Auch die Erdkrümmung ist jetzt bereits deutlich zu sehen. Sie zoomen weiter hinaus und sehen schließlich die Erde in ihrer ganzen Schönheit vor sich. Die Reise geht weiter. Die Erde wird kleiner. Der Mond auf seiner Umlaufbahn kommt ins Blickfeld. Auch erdnahe Asteroiden sind jetzt zu sehen. Nach kurzer Zeit kommen die Sonne und die Planeten Mars, Venus und Merkur ins Blickfeld und werden dann immer kleiner. Danach schieben sich die äußeren Planeten unseres Sonnensystems ins Bild. Unser Sonnensystem wird immer kleiner. Wenig später verschwindet es in der Oortschen Wolke, einer Ansammlung unzählbarer Kometen und Asteroiden. Benachbarte Sonnensysteme werden erkennbar. Schließlich können Sie sogar einzelne Sternbilder erkennen. Sie sind hier sehr viel größer als von der Erde aus betrachtet. Schließlich wird unsere Galaxie, die Milchstraße, mit ihrer majestätischen Anmutung sichtbar. Hier halten wir nun die gedankliche Reise an.

Stellen Sie sich nun folgende Frage: Wie wichtig ist Ihr Problem von hier aus betrachtet? Verweilen Sie gedanklich einige Zeit bei dieser Fragestellung. Welche Antworten kommen Ihnen in den Sinn?

Diese Übung gehört zu den sog. Dissoziationstechniken. Mit der Veränderung der inneren Betrachtungsposition erfolgt eine allmählich zunehmende Trennung von Betrachter und Problem, die uns mehr Abgrenzung und Abstand zu einer belastenden Situation ermöglicht. Nach Abschluss dieser gedanklichen Reise ist die belastende Situation zwar immer noch da, aber sie ist in einen anderen Kontext eingebettet und damit in ihrer Auswirkung stark relativiert. Konsequent angewendet können Techniken wie diese die Fähigkeit zur Selbststeuerung in belastenden Situation erheblich erhöhen.

Innere Führung übernehmen

Wenn wir uns in der Opferhaltung befinden, laufen in unserem »inneren Theater« zumeist Vorstellungen, die wir gar nicht bestellt haben. Selten sind es Premieren, meist sind es neue Interpretationen von bereits gut bekannten Stücken. Dann sind Emotionen und Gedanken am Werk, die augenscheinlich mal wieder die Kontrolle über unser Innenleben übernommen haben und sich negativ auf unsere Selbstführung auswirken.

Kennen Sie solche Gedankenschleifen auch bei sich? Es ist wesentlich leichter, ein solches sich wiederholendes Denkmuster zu identifizieren, als es zu unterbrechen oder gar zu beenden, nicht wahr? Ein hilfreicher Ansatz ist es aus unserer Sicht, sich ein inneres Theater oder Team vorzustellen, wie es der deutsche Kommunikationswissenschaftler Friedemann Schulz von Thun beschrieben hat.

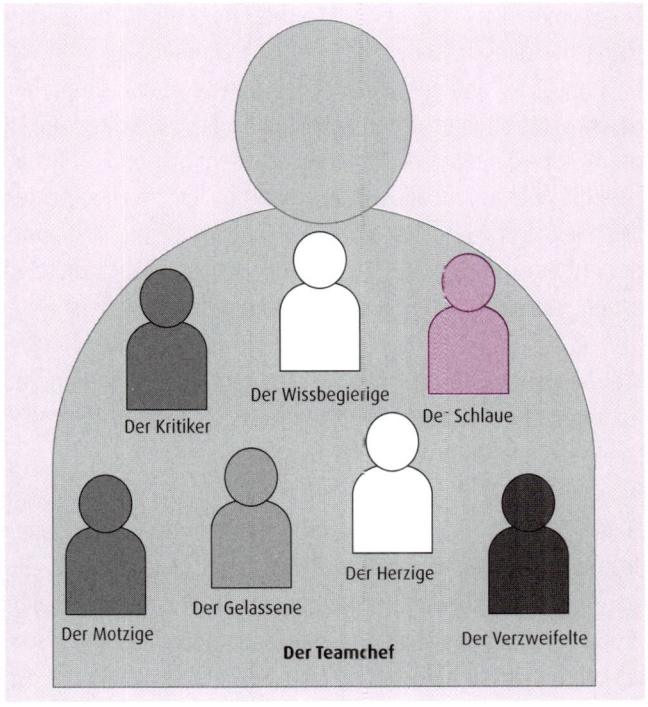

Inneres Team

Das Team oder die Schauspieler repräsentieren dabei die verschiedenen eigenen Persönlichkeitsanteile bzw. die inneren Stimmen, die viele Menschen »hören«, wenn sie sich in der Opferhaltung befinden und sie sich deswegen hin- und hergerissen fühlen. Die Stimmen sind natürlich für jede Person individuell verschieden. Es sind aber immer mehrere, und sie unterscheiden sich oft in der jeweiligen Lautstärke.

Eine Stimme ist vielleicht der »Reichsbedenkenträger«, der immer schon alles besser wusste und schon immer gegen ein Vorhaben war. Ein anderer Akteur ist möglichweise der »Empörte«, der sich oft ungerecht behandelt fühlt und die Schlechtigkeit der Welt beklagt. Solche Stimmen sind sehr laut und oft richtig zeternd. Aber es gibt auch leisere Stimmen, die im allgemeinen Lärm leicht überhört werden. Da ist vielleicht der Nüchterne, der in der Lage ist, die Situation von ihrer sachlichen Seite zu sehen. Vielleicht gibt es auch die Stimme des Genießers.

Welches Stück wird bei Ihnen aufgeführt? Welche Stimmen sind bei Ihren inneren Stücken typischerweise auf der Bühne? Was sagen die einzelnen Akteure?

Fügen Sie nun dem Team oder Ensemble gedanklich einen Teamleiter bzw. einen Regisseur hinzu. Diese Rolle muss als einzige bewusst installiert werden, damit das Team nicht kopflos umherirrt. Sie entspricht dem erwachsenen, souveränen Persönlichkeitsanteil. Die Aufgabe des Teamleiters ist es dabei zunächst, alle Stimmen einzeln anzuhören, und zwar sowohl die lauten als auch die leisen. Im inneren Dialog wird gedanklich jede Stimme um ihre Meinung gebeten und ihre Motive bzw. höhere Absichten werden erfragt. Die Fragen können z. B. lauten:

- Was möchtest du sagen?
- Was ist dir dabei wichtig?
- Was ist deine höhere Absicht?
- Wovor möchtest du mich schützen?

Dabei ergibt sich in der Regel, dass die höheren Absichten aller Stimmen sehr ähnlich sind. Typischerweise geht es darum, die eigene Person zu schützen bzw. vor Schmerz zu bewahren. Aber jede Stimme hat einen anderen Ansatz, dieses höhere Ziel zu erreichen. Ein innerer Konflikt entsteht also in der Regel wegen unterschiedlicher Lösungsstrategien der einzelnen Stimmen, obwohl die höhere Absicht der inneren Teammitglieder ähnlich oder gleich ist. Wurden alle Stimmen erhört, trifft der innere Chef eine Entscheidung, die von allen getragen wird.

Dieser gedankliche Vorgang ist für viele Manager eher ungewohnt und erfordert einiges an Übung, weswegen die einzelnen Schritte häufig im Rahmen einer Coaching-Sitzung vollzogen werden.

Bewusst Dankbarkeit praktizieren

Die US-Armee steht kaum im Verdacht, in übertriebenem Maße experimentierfreudig oder besonders menschenfreundlich zu sein. Aber die Army hat ein großes Problem, denn im Jahr 2013 starben erstmals mehr Soldaten an Selbstmord als durch feindliches Feuer. George W. Casey Jr., ein heute pensionierter US-amerikanischer Vier-Sterne-General und ehemaliger Stabschef der US Army, rief als Reaktion auf diese sich abzeichnende Entwicklung bereits im Oktober 2009 das weltweit größte Förderprogramm für Resilienz unter dem Namen »Comprehensive Soldier and Family Fitness« ins Leben. Es soll mittels verschiedener Maßnahmen rund eine Million Angehörige der US Army und deren Familien gegen die traumatischen Erfahrungen eines lange andauernden Kriegseinsatzes wappnen.

Die wesentlichen konzeptionellen Wurzeln des Programms liegen im sog. Penn Resiliency Program, das von Jane Gillham, Karen Reivich und Martin Seligman 1994 an der University of Pennsylvania entwickelt wurde. In diesem Programm werden Elemente aus der Kognitiven Verhaltenstherapie und der positiven Psychologie zu einem Curriculum kombiniert, das Schülern und Studenten dabei helfen soll, belastende und frustrierende Situationen besser zu bewältigen. In über 20 unabhängigen Studien wurde mittlerweile nachgewiesen, dass es das Auftreten von mittleren bis schweren depressiven Symptomen über einen Zeitraum von bis zu 24 Monaten gegenüber einer Kontrollgruppe reduziert. Auch das Auftreten von Ängsten und Gefühlen von Hoffnungslosigkeit konnte damit nachweislich vermindert werden. Dagegen nahmen Optimismus und das allgemeine Wohlbefinden zu.

Eine der zentralen Interventionen beider Programme ist interessanterweise eine Übung zum bewussten Praktizieren von Dankbarkeit. Im Armeejargon trägt sie den plakativen Namen »Hunting the Good Stuff«. Im Kern besteht die Übung aus einer täglichen Reflexion über die guten Dinge, die einem heute widerfahren sind. Dabei sollen von den Teilnehmern täglich mindestens drei Ereignisse niedergeschrieben werden, für die diese echte Dankbarkeit empfinden. Das liest sich deutlich einfacher, als es letztlich ist. Probieren Sie es doch selbst einmal aus.

Übung: Praktizieren von Dankbarkeit

Für welche drei Ereignisse, Begegnungen, Gespräche, Gesten etc. verspüren Sie gerade Dankbarkeit? Schreiben Sie sie auf:

1. ...

2. ...

3. ...

Wiederholen Sie diese Übung täglich über einen Zeitraum von mindestens neun Wochen, um dauerhafte positive Entwicklungen zu erreichen.

Nicht damit gemeint sind übrigens generelle Ereignisse, wie die Tatsachen, dass Sie am Leben sind und dass es Menschen gibt, die Sie lieben. Vielmehr geht es hier um mitunter sehr kleine Dinge, die sich heute ereignet haben.

Selbstmitleid, Ausweglosigkeit, Rechthaben und Passivität lassen sich nur schwer empfinden, wenn man sich zeitgleich darauf konzentriert, für welche Geschehnisse man tiefe Dankbarkeit verspürt. Die neurobiologische Grundlage für diese Intervention ist das sog. Hebb'sche Gesetz. Der kanadische Psychologe Donald Hebb postulierte bereits im Jahre 1949 eine These, die mittlerweile hinlänglich bewiesen ist: »What fires together, wires together«. Das bedeutet, dass Neuronen verschiedener Hirnareale, die regelmäßig gemeinsam erregt werden, mit der Zeit immer stärkere Vernetzungen ausbilden, bis sie schließlich zu einem eigenständigen Erregungsmuster geworden sind. Je öfter Sie also bewusst Dankbarkeit empfinden, desto mehr werden Ihre neuronalen Netze, die für diese Emotion zuständig sind, gestärkt und verfestigt. Gleichzeitig wird durch die tägliche Übung Ihre Aufmerksamkeit geschult und Sie nehmen auch während des Tages eher diejenigen Dinge war, die Sie als positiv empfinden.

Dankbarkeit oder auch Demut sind wichtige Eigenschaften, wenn es darum geht, die Opferhaltung zu verlassen. Mit vielen unserer Klienten arbeiten wir regelmäßig mit dieser Methode. Die Ergebnisse sind wirklich verblüffend. Bereits nach wenigen Wochen berichten die Manager von spürbaren Veränderungen in ihrem Wohlbefinden, ihrer Souveränität und ihrer Fähigkeit, eine gesunde Distanz zu schwierigen Situationen einzunehmen.

Den eigenen Glaubenssätzen auf die Schliche kommen

Für uns Menschen ist es aufgrund unserer Evolutionsgeschichte von zentraler Bedeutung, zu einer sozialen Gruppe zu gehören. Damit soziale Gruppengefüge aber funktionieren können, muss bei allen Beteiligten Einigkeit über den jeweiligen Status des Einzelnen in der Gruppe herrschen. Aufgrund unserer Vorfahren sind wir darauf bedacht, gut in einem sozialen System zurechtzukommen.

Das erste soziale System, das Menschen kennenlernen, ist die Familie, in die sie hineingeboren werden. Ein Mitbringsel aus unserer Kindheit und Jugend sind Glaubenssätze, also grundlegende Entscheidungen in Bezug auf das Leben, die wir in unserer Kindheit getroffen haben. Als Kind macht jeder Mensch prägende Erfahrungen, aus denen er Rückschlüsse zieht, wie er am besten in seiner Familie zurechtkommt

Glaubenssätze lassen sich allgemein als kindliche Strategien verstehen, elterliche Aufmerksamkeit und Fürsorge zu erlangen. Idealerweise suchen Kinder nach liebender Aufmerksamkeit. Steht diese ihnen, aus welchen Gründen auch immer, nicht zur Verfügung, entwickeln sie Strategien, um irgendeine Art von Aufmerksamkeit zu erhalten, denn ohne Aufmerksamkeit können sich Kinder nicht entwickeln. Diese einmal erlernten Strategien behalten dabei bis ins Erwachsenenalter ihre Gültigkeit, obwohl sich das Bezugssystem dann mittlerweile vollständig verändert hat. An die Stelle der Herkunftsfamilie sind die eigene Familie und der Arbeitgeber getreten und aus dem kleinen Jungen oder Mädchen wurde zwischenzeitlich eine erfolgreiche Führungskraft. Und dennoch sind die Glaubenssätze weiterhin aktiv, was man am besten beobachten kann, wenn jemand unter Stress gerät.

Da Glaubenssätze bereits in der Kindheit gebildet wurden und auch noch im Erwachsenen fortwirken, sind die entsprechenden neuronalen Muster sehr stark manifestiert. Aus hirnbiologischer Sicht lassen sich solche Strukturen nicht löschen oder auflösen. Vielmehr gilt es, sie zu identifizieren und in neue, der aktuellen Lebenssituation angemessenere Verhaltensstrategien umzuwandeln. Diese neuen Glaubenssätze sollten dann immer wieder ausprobiert und eingeübt werden. Am Anfang fühlt sich das sehr ungewohnt an, wie eine neue Schrittfolge beim Tanzen. Aber mit der Zeit macht man sich den neuen Glaubenssatz durch beständige Anwendung zu eigen.

Hinderliche Glaubenssätze identifizieren

Um Ihrem dominanten Glaubenssatz auf die Schliche zu kommen, stellen Sie sich am besten die folgende Frage: Angenommen, es gäbe eine typische Verhaltensweise an mir, die dazu führt, dass ich mir selbst im Weg stehe oder mir das Leben unnötig schwermache. Welche Verhaltensweise wäre das? In unserer Arbeit mit Klienten kommen an dieser Stelle zumeist Antworten wie:

- Ich lade mir immer zu viel Arbeit auf.

- Ich versuche ausgleichend zu wirken und es allen recht zu machen.

- Es macht mich wütend, wenn meine Leistung nicht honoriert wird.

Im nächsten Schritt stellen wir die Frage: Welche grundlegende Annahme liegt dieser typischen Verhaltensweise zugrunde? Darauf erhalten wir z. B. Antworten wie die folgenden:

- Indem ich viel arbeite, stelle ich sicher, dass jeder sehen kann, wie gut ich bin.

- Wenn ich Konflikte löse und Harmonie schaffe, dann werde ich anerkannt.

- Nur Leistung zählt.

Jetzt geht es darum, den Glaubenssatz in eine Wenn-Dann-Logik zu überführen. Wichtig ist dabei, den Satz in der Sprache des Kindes zu formulieren, da er dann direkter und kraftvoller ist. Im Falle der zuvor genannten Lebensannahmen könnte dies zu folgenden Glaubenssätzen führen:

- Nur wenn ich stark bin, werde ich geliebt.
- Wenn ich es anderen nicht recht mache, kriege ich Ärger.
- Wenn ich nicht alles gebe, gehe ich unter.

Natürlich gibt es sehr viel mehr Formulierungen, die hier möglich wären. Ob ein Satz »passt«, lässt sich dabei nur von der jeweiligen Person selbst wahrnehmen. In der Regel kann der Einzelne sehr eindeutig benennen, ob ein Glaubenssatz stimmig ist. Er fühlt sich dann nämlich richtig und zugleich ziemlich unangenehm an.

Hinderliche Glaubenssätze transformieren

Im nächsten Schritt geht es darum, eine emotionale Kosten-/Nutzenbetrachtung für den Glaubenssatz zu erstellen. Auch wenn ein Glaubenssatz häufig als störend empfunden wird, so ist er doch zunächst als ehemalige Bewältigungsstrategie und von daher als vormals hilfreich zu würdigen. Kein Glaubenssatz ist ausschließlich schlecht oder gut. Vielmehr hat jeder Glaubenssatz einerseits nützliche Aspekte und andererseits einen Preis, den man für ihn zahlt. Die Kosten-/Nutzenbetrachtung ist Ergebnis einer umfangreichen Eigenreflexion. Innerhalb eines Coaching-Prozesses kann die Erarbeitung durchaus eine Stunde dauern. Die folgende Tabelle zeigt das Ergebnis einer solchen Betrachtung.

Glaubenssatz: Wenn ich nicht alles gebe, dann gehe ich unter!	
Kosten	**Nutzen**
▪ Erwarte Liebe gegen Leistung	▪ Erfolg
▪ »Fremdbestimmung« von innen	▪ Sicherheit
▪ Getriebener	▪ Konsequenz
▪ Unbarmherzigkeit	▪ Stolz
▪ Schlafstörung	▪ Unabhängigkeit

Der letzte Schritt ist der eigentliche kreative Prozess. Hierbei geht es darum, die wesentlichen Aspekte des ursprünglichen Satzes dergestalt neu zu kombinieren, dass er den gleichen Nutzen bringt, allerdings bei deutlich reduzierten Kosten.

Damit dies möglich wird, braucht es ein weiteres Element. Dazu ist folgende Fragestellung relevant: Was ist Ihnen aus heutiger Sicht noch wichtiger, als Ihren Glaubenssatz zu leben? Hinter dieser Frage verbirgt sich die Suche nach einem Wert, der für den Erwachsenen von höchster Bedeutung ist. Vielleicht geht es darum, etwas zu gestalten. Vielleicht ist Integrität von zentraler Bedeutung. Oder vielleicht geht es auch darum, sich selbst etwas zuzutrauen. Der höchste Wert hat dabei quasi die Funktion eines Steigbügels, mithilfe dessen es sich viel leichter wieder aufsitzen lässt, falls man mal unsanft vom Pferd gefallen ist.

Der so entstehende neue Glaubenssatz soll dabei eine Herausforderung sein, die prinzipiell und realistisch gesehen erreichbar erscheint, die nicht überfordert. Der neue Glaubenssatz muss ein attraktives Ziel beschreiben, das noch nicht erreicht

ist. Von daher ist auch hier die Stimmigkeit der Worte von großer Bedeutung.

BEISPIEL

So kann aus dem Glaubenssatz »Wenn ich nicht alles gebe, dann gehe
ich unter!«, der neue Glaubenssatz werden: »Wenn ich mir vertraue,
bin ich richtig gut!«

Und nun zu Ihnen. Wie lautet Ihr transformierter Glaubenssatz?

Ist der neue Glaubenssatz erst einmal gefunden, muss er eingeübt werden. Das funktioniert nur, wenn Sie sich zunächst regelmäßig an Ihr neues mentales Muster erinnern. Dies kann
durch verschiedene visuelle Erinnerungshilfen passieren. Sehr
praktisch und daher auch beliebt sind Bilder, die die betroffene
Person mit dem Glaubenssatz verbindet, die aber für andere
Menschen keine Bedeutung haben, z. B. eine Naturaufnahme
oder ein Gemälde, mit dem die Person ein bestimmtes Gefühl
verbindet.

Welche Erinnerungshilfe wäre passend für Sie?

Disziplin und Impulskontrolle üben

Die Fähigkeit, innere Impulse zu steuern und Selbstdisziplin
aufzubringen, ist offensichtlich von zentraler Bedeutung für die
allgemeine Lebenstüchtigkeit eines Menschen. Selbstdisziplin,
also die Fähigkeit verlockende Ablenkungen zugunsten der

eigenen langfristigen Ziele und Ideale zu ignorieren, hat man aber nicht nur, sondern sie lässt sich auch trainieren.

Selbstdisziplin ist für die meisten Menschen kein Selbstzweck, sondern eine Qualität, die sie dabei unterstützt, etwas Bestimmtes zu erreichen. Menschen bringen Disziplin auf, um fit zu sein und gut auszusehen oder um viel Geld zu haben oder um Karriere zu machen. Was zieht Sie nach vorne? Was ist so attraktiv für Sie, dass es Ihnen die Kraft gibt, Verlockungen und Ablenkungen links liegen zu lassen?

Menschen tendieren dann dazu, ihre Ziele zu erreichen, wenn sie damit an starke innere Bedürfnisse oder Werte andocken können. So kann ein ansonsten nur mäßig disziplinierter Mensch Durchhaltevermögen aufbringen, wenn z.B. sein Ziel, einen Halbmarathon zu laufen (Bereich »Gesundheit & Körper«), verknüpft ist mit seinem Bedürfnis nach »Anerkennung«. Auch ist es wichtig, dass der Weg zum angestrebten Ziel stimmig ist, d.h. zu den Verhaltenspräferenzen des Einzelnen passt.

BEISPIEL

> Meine Frau wollte immer mehr Sport machen. Aber weder Joggen, noch Walking oder Tanzen waren für sie der richtige Weg. Völlig überraschend für mich bringt sie nun aber bereits seit einigen Jahren eine große Begeisterung, Disziplin und Leidensfähigkeit für Taekwondo auf – eine Sportart, die wirklich anstrengend und obendrein auch noch schmerzhaft ist.

Eine andere Möglichkeit, die eigene Selbstdisziplin zu steigern, sind Strukturen der Unterstützung. Um beim Beispiel des Sports zu bleiben, könnten das Vereine oder Laufgruppen sein, die sich regelmäßig treffen. Dies funktioniert besser für Menschen mit einem hohen Maß an Extraversion, da damit gleichzeitig auch das Bedürfnis nach Geselligkeit befriedigt werden kann. Aber auch vielen Introvertierten fällt es leichter, wenn sie sich gegenüber ihren Mitsportlern verpflichtet fühlen. Disziplin lässt sich also steigern, wenn das Ziel den eigenen Werten und Bedürfnissen entspricht, der Weg stimmig ist und man ihn nicht alleine gehen muss.

Der Wirtschaftswissenschaftler Robert S. Kaplan von der Harvard Business School prägte 1996 den Satz »If you can't measure it, you can't manage it« (zu Deutsch: »Wenn man es nicht messen kann, kann man es auch nicht steuern«). Die Messbarkeit ist damit ein weiterer Aspekt, wenn es um die Verbesserung der Eigendisziplin geht.

Der US-amerikanische Sozialpsychologe Roy Baumeister beschäftigt sich seit langem mit der Erforschung von Selbstdisziplin. Bei seiner Forschungsarbeit ist er zu dem Ergebnis gekommen, dass es sich mit der Selbstdisziplin ähnlich wie bei einem Muskel verhält. In diesem Kontext prägte er den Begriff der »Ego Depletion« (zu Deutsch: Ego-Erschöpfung). Der Begriff steht für das Phänomen, dass die eigene Willenskraft nach einer Phase intensiver Beanspruchung schwächer wird und sich ähnlich wie ein Muskel zunächst erholen muss. Dies kann nach einer geistigen oder körperlichen Anstrengung der Fall sein.

Schlaf, Bewegung, gute Ernährung sowie Achtsamkeitstechniken sind der Selbstdisziplin dabei nachweislich förderlich. Dies werde ich im Kapitel »Geist-Körper-Achse: gut für sich selbst sorgen« noch weiter ausführen. Hingegen sind ein hohes Maß an negativ empfundenem Stress, fehlende Sinnhaftigkeit des eigenen Tuns und eine allgemein schlechte Ressourcenlage der eigenen Willenskraft deutlich abträglich. Hinzukommt, dass Süchte wie übermäßiger Nikotin-, Alkohol- oder Medikamentenkonsum das verfügbare Maß an Selbstdisziplin überproportional schmälern. Wahrscheinlich, weil die ganze verfügbare Willensstärke in die gleichzeitige Aufrechterhaltung von Alltag und Sucht umgeleitet werden muss.

Ähnlich wie beim Muskeltraining lässt sich die Willenskraft mit leichten, kontinuierlichen Übungen jedoch auch stärken. So konnten Baumeister und sein Team nachweisen, dass leicht umsetzbare Ziele, wie regelmäßige Gymnastik oder ein Spaziergang in der Mittagspause, bei ihrer Erreichung dazu führen, dass das verfügbare Maß an Selbststeuerungsfähigkeit insgesamt zunimmt. Durch die Umsetzung machbarer Vorhaben entsteht also quasi ein sich selbst verstärkender Kreislauf, der sich auch auf die Umsetzung größerer Vorhaben positiv auswirken kann.

Welches Ziel werden Sie also erreichen? Welche Ihrer Werte und Bedürfnisse werden dadurch befriedigt? Welcher Weg ist stimmig für Sie? Wer wird Sie bei der Erreichung Ihres Ziels unterstützen? Wie werden Sie Ihre Zielerreichung messen und dokumentieren?

Mentale Agilität: flexibler im Denken werden

»Freude am Lernen« ist eine gute Umschreibung für mentale Agilität. Diese Geisteshaltung beschreibt den Willen, bestehende Konzepte über Grundlegendes beständig zu hinterfragen und bei Bedarf neu zu erlernen. Neues erlernen heißt, immer wieder die Komfortzone zu verlassen und bisherige Erfahrungen infrage zu stellen. Es bedeutet, aufgrund mangelnder Erfahrung Fehler zu machen, sich eine Zeitlang inkompetent zu fühlen – und es beinhaltet natürlich auch die Möglichkeit des Scheiterns.

Gute Entscheidungen treffen

Mentale Agilität hat mit einer Grundhaltung zu tun, die offen für neue Herausforderungen ist und diese offensiv angeht, wenn sie sich bieten. Das erfordert die Fähigkeit, gute Entscheidungen zu treffen.

In unserer Arbeit mit Managern erleben wir viele verschiedene Entscheidungstypen. Nicht alle sind effektiv darin, bei Entscheidungen auch ihre Emotionen adäquat zu berücksichtigen. Bei der Abwägung der Vor- und Nachteile verschiedener Optionen geht es ihnen zumeist nur um die vordergründigen Fakten, weil sie den Eindruck haben, dass ihr Bauchgefühl und ihre Emotionen nicht relevant sind. Wenn Emotionen bei grundlegenden Entscheidungen nicht berücksichtigt werden, dann nehmen wir einen inneren Widerstand wahr. Keine der möglichen Optionen überzeugt uns so richtig. Wir fühlen uns mit dem gesamten Entscheidungsprozess nicht kongruent. Viele Führungskräfte gehen dann darüber hinweg und entscheiden dennoch mit dem Kopf.

Unser Gehirn verfügt über ein Netzwerk, das für das Schmerzempfinden zuständig ist, also für negative Emotionen wie Ärger, Trauer und Angst, und eine Struktur, die für positive Affekte wie Freude, Lust, Zufriedenheit sorgt. Das Interessante daran ist, dass durchaus beide Netzwerke gleichzeitig aktiviert sein können. Es ist also durchaus möglich, bei dem Gedanken an eine mögliche Entscheidungsoption sowohl Furcht als auch Freude zu verspüren. Das ist leicht nachvollziehbar, wenn Sie an eine Fahrt mit der Achterbahn denken. Zumindest bei meinen Kindern ist dort Freude und Furcht deutlich zeitgleich sichtbar.

Die Emotionsbilanz

Um die unterschiedlichen Emotionen genau herauszuarbeiten, schlagen wir in Entscheidungssituationen häufig eine Reflexionsübung vor. Bei dieser Emotionsbilanz geht es darum, für verschiedene Entscheidungsoptionen auf einer Skala von 1 bis 100 genau zu benennen, in welchem Maße Schmerz- und Belohnungszentrum aktiviert werden. Mit dieser ganzheitlichen Betrachtung wird eine andere Qualität von Entscheidungen möglich.

Probieren Sie es doch einmal selbst aus. Welche grundlegenden bzw. weitreichenden Entscheidungen stehen aktuell bei Ihnen an? Was sind Ihre Optionen? Welche Art von Gefühlen kommt hoch, wenn Sie an jede der Optionen denken? Wie würde Ihre Emotionsbilanz hierfür aussehen?

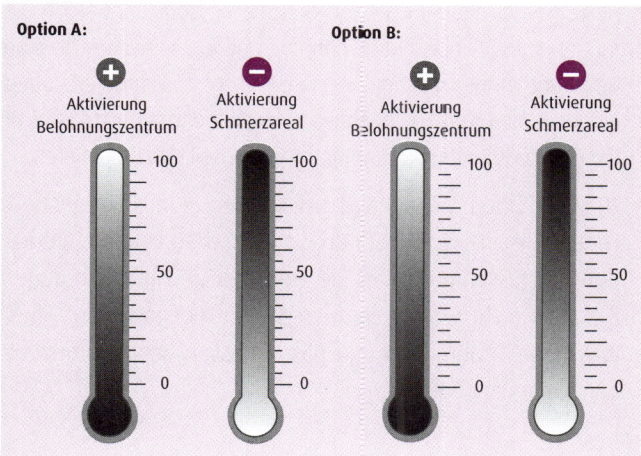

Ihre Emotionsbilanz

Geistige Wendigkeit trainieren

Aus neurobiologischer Sicht geht es bei mentaler Agilität um eine Routine im Ausprägen und Verfestigen neuer neuronaler Strukturen. Diese Umbaukapazität des Gehirns wird auch als Neuroplastizität bezeichnet. Um diese Fähigkeit zu kultivieren, braucht es im Wesentlichen drei Bestandteile:

- Einen triftigen Grund: Aus der modernen Hirnforschung wissen wir, dass die Neuroplastizität des Gehirns in jedem Lebensalter gegeben ist, wenn die anstehende Herausforderung emotional in Verbindung mit den Zielen und Werten eines Menschen steht.

- Ausreichende körperliche und geistige Ressourcen: Sorgen Sie für genügend Schlaf, gute Ernährung und ein sinnvolles Maß an Belastung in Ihrem Leben. Wenn ein Mensch sich bereits unter einem hohen Maß an negativem Stress befindet, ist das nicht der optimale Zeitpunkt, um die mentale Agilität zu trainieren.

- Training: Üben Sie anhand risikoarmer Herausforderungen. Lernen Sie z. B. regelmäßig neue Menschen kennen, die andere Interessen haben als Sie. Bereisen Sie Länder, in denen Sie noch nicht waren. Erlernen Sie ein neues Hobby. Alles, was neue Erfahrungen und das Verlassen der Komfortzone verspricht, ist erlaubt.

Energie Management: schonend mit der eigenen Kraft umgehen

Die Sphäre »Energie Management« umfasst alle Kompetenzen, die eine Person entwickelt hat, um den eigenen Energielevel bewusst konstruktiv zu beeinflussen. Hierbei handelt es sich um Kompetenzen, die zu einer effektiven Selbststeuerung beitragen. Je mehr Sie davon haben und je flexibler Sie diese einsetzen können, desto besser. Sie helfen Ihnen, besser mit herausfordernden Situationen umzugehen und negativen Stress schneller wieder loszuwerden.

Energiebilanz

Welche Mechanismen haben Sie entwickelt, um Stress abzubauen, wenn Sie angespannt sind? Wie fahren Sie Ihre Energie hoch, wenn Sie vor einem wichtigen Termin stehen? Welche Werkzeuge nutzen Sie, um sich besser zu organisieren? Demgegenüber stehen Situationen, Verhaltensweisen oder konkrete Menschen, die Sie auf unerklärliche Weise Energie verlieren lassen, so wie eine elektrische Batterie, die bei Kälte viel mehr Energie verliert als bei Wärme. Oft bekommt man es erst im Nachhinein mit, wenn man es mit Energieräubern zu tun hatte.

Nehmen Sie sich ein paar Minuten Zeit für eine erste Energiebilanz. Was gibt Ihnen Energie? Was lässt Sie Energie verlieren?

Meine Energiebilanz	
Was gibt mir Energie?	**Was entzieht mir Energie?**

Die eigene Akkuladung steuern

Menschen haben die Fähigkeit, aus einem Gedanken, einer Tätigkeit und sogar aus einem leblosen Objekt Energie für sich zu schöpfen. Dazu gehört die Fähigkeit, Stress abzubauen und den Kopf frei zu bekommen, sich an- und abzuregen, Gedankenströme in eine Richtung zu lenken, den eigenen Energielevel willentlich zu verändern, Probleme zu strukturieren und die eigenen Batterien wieder aufzuladen.

Unserer Erkenntnis nach gibt es verschiedene Arten von Ressourcen, die von Person zu Person zudem stark variieren.

Wurzel-Ressourcen

Wurzel-Ressourcen geben Erdung, Kontakt zum eigenen Körper und bauen aufgestaute Energie ab. Außerdem helfen sie dabei, eine größere innere Distanz zu den Problemen des Alltags zu schaffen.

Was sind Ihre Wurzel-Ressourcen? Was hilft Ihnen dabei, ruhiger zu werden und Ihren Level an innerer Unruhe zu reduzieren?

Beispiele: Meditation, Erinnerungen an positive Momente, Wellness.

Flügel-Ressourcen

Flügel-Ressourcen helfen Menschen dabei, eine bestimmte Energie oder Haltung aufzubauen und damit ihr Level an innerer Aktivität zu steigern. Diese Techniken geben Kraft und Zuversicht, sie bündeln Energie und helfen dabei, sich über momentane Schwierigkeiten zu erheben. Werden sie in der richtigen Situation angewendet, so geben sie dem Inneren eine gewisse »Vorspannung«. Dies macht es leichter, die eigene Energie hochzufahren und sich mit seinen eigentlichen Zielen bewusst zu identifizieren, um sich so auf eine herausfordernde Situation besser einstellen und vorbereiten zu können.

Was lässt Ihnen Flügel wachsen?

Beispiele: Bewusstes Erinnern an positive Glaubenssätze, Rituale, energiegeladene Musik, körperliche Aktivierung z. B. durch schnelles Gehen.

Tools

Eine weitere Gruppe von Ressourcen sind »Tools«, also im weitesten Sinne Werkzeuge oder Unterstützungsstrukturen, die uns das Berufsleben leichter machen. Sie laden unsere Batterien zwar nicht auf, aber sie sorgen dafür, dass diese nicht so schnell leer werden.

- Ein Beispiel für solch ein Tool ist das Management von Prioritäten z. B. mit der Eisenhower-Matrix. Dieses Hilfsmittel ist einerseits leicht verständlich und stellt andererseits eine effektive Struktur dar, um den allgegenwärtigen Wust an Aufgaben zu bewältigen. Es ist erstaunlich, wie viele Führungskräfte heute solche oder ähnliche Modelle zwar kennen, aber nicht beherzigen. Diese Methode wurde ursprünglich vom US-amerikanischen General und Präsidenten Dwight D. Eisenhower entwickelt. Indem sie zwischen Dringlichkeit und Wichtigkeit differenziert, hilft sie vor allem unter Zeitdruck, die knappe Zeit sinnvoller zu verteilen.

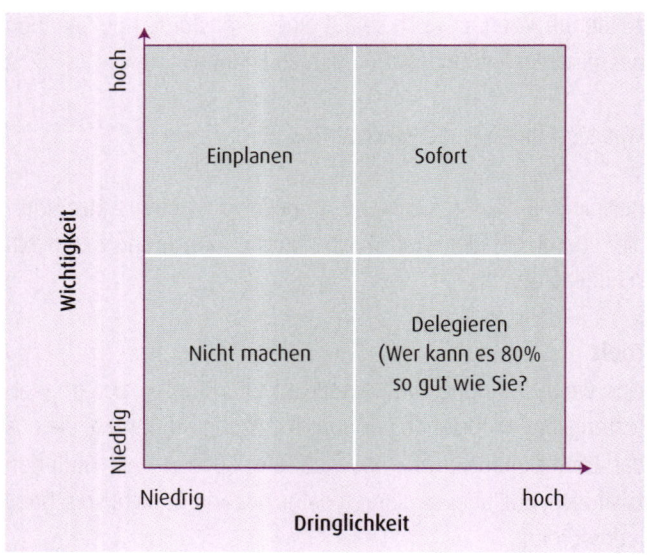

Die Eisenhower-Matrix

- Das Mantra »Wer kann es 80 % so gut wie Sie?« hilft zudem dabei, Aufgaben frühzeitiger und strukturierter zu delegieren.

- Ein weiteres Beispiel für ein Tool ist ein aktives Kalender-Management. Viele Führungskräfte, mit denen wir arbeiten, haben ihren elektronischen Kalender offen für jeden, sodass die Aussage »Ich bin nicht Herr meiner eigenen Agenda!«, tatsächlich stimmt. Die Misere lässt sich jedoch mit wenig Aufwand abstellen. Mit Zugriffsbeschränkungen und wiederkehrenden Serienterminen für Sport, Networking, Strategie oder einen Rundum-Check sorgen Sie dafür, dass Sie die Kontrolle behalten und dass Ihre Bedürfnisse nicht zu kurz kommen.

- Die Königsklasse im Bereich Unterstützungsstrukturen ist natürlich ein gut funktionierendes, umsichtiges und intelligentes Sekretariat. Nichts kann einer Führungskraft so den Rücken freihalten oder aber den Stresslevel noch zusätzlich erhöhen, wie es die Assistenz kann. Seien Sie wählerisch beim Recruiting und investieren Sie viel Zeit in ein gutes Briefing und regelmäßiges Feedback.

Welche Hilfsmittel und Unterstützungsstrukturen haben Sie für sich geschaffen? Was ließe sich noch weiter ausbauen?

Energiediebe

Die vierte Gruppe an Qualitäten, die wir im Kontext von Ressourcen betrachten, ist der Umgang mit sog. Energiedieben, d.h. Menschen oder Dingen, die uns Energie abziehen und unseren Energiespeicher leerlaufen lassen. Die Ressource besteht hier in der für uns richtigen Strategie zum Umgang mit diesen negativen Einflüssen.

Ein Beispiel für Energiediebe sind Menschen mit einer sehr negativen Aura, z.B., weil diese sich in der Opferhaltung häuslich eingerichtet haben. Eine Strategie könnte hier die Vermeidung solcher Menschen sein oder aber zumindest die Minimierung des Kontakts. Allerdings ist dies ist nicht immer realistisch, z.B. wenn es sich um Kollegen oder gar Vorgesetzte handelt. Hier hilft es, zumindest den Zeitpunkt, den Ort und die Länge des Kontakts bewusst zu gestalten.

Eine weitere Gruppe von Energieräubern sind Smartphones. Sie haben die Tendenz, die Barriere von Arbeits- und Privatwelt verschwinden zu lassen. Dies hat gleichermaßen Vor- wie Nachteile. Deswegen ist es wichtig, einen guten Umgang mit ihnen zu kultivieren, was allerdings einiges an Selbstdisziplin erfordert, wie wir bei unserer Arbeit mit Managern immer wieder erleben können. Es ist insbesondere für Führungskräfte extrem schwer, nicht auf die Signale ihres Smartphones zu reagieren, denn es könnte sich ja jederzeit eine Krise anbahnen, die ihre sofortige Aufmerksamkeit erfordert. Eine aus unserer Sicht sinnvolle Strategie für den Umgang mit diesen Geräten ist es daher, Zeiten und Orte zu definieren, in und an denen man sie nicht benutzt. Wir nennen das auch Digital Detox. Hier einige Beispiele für solche »Digital Detox Zonen«: unmittelbar nach dem Aufstehen, kurz vor dem Zubettgehen, beim Essen, bei wichtigen Gesprächen, während eines festgelegten Zeitfensters am Wochenende. Smartphones sind logischerweise nicht per se schlecht. Wir haben jedoch die Erfahrung gemacht, dass die meisten Führungskräfte bisher keinen bewussten Umgang mit ihnen kultiviert haben. Dies gilt es zu ändern.

Geist-Körper-Achse: gut für sich selbst sorgen

Nicht nur beeinflusst die Psyche über das Gehirn zahlreiche Vorgänge im menschlichen Körper, wie z. B. das Herz-Kreislauf- und das Immunsystem und sogar Teile der Erbanlagen. Auch der Körper beeinflusst den Gehirnstoffwechsel und damit die seelische Balance, z. B. über Schlaf, Ernährung, Bewegung oder Meditation. Diese Wechselwirkung hat entscheidende Auswirkungen auf die individuelle Fähigkeit eines Menschen zur Selbststeuerung. Wer sie versteht und sie gezielt nutzt, kann entscheidenden Einfluss auf seine Widerstandsfähigkeit ausüben.

Sich wohl in der eigenen Haut fühlen

Hand aufs Herz: Wann haben Sie sich das letzte Mal so richtig wohl in Ihrer Haut gefühlt? Wie ist es jetzt gerade? Fühlt es sich richtig und gut an, in diesem Körper zu sein? Mögen Sie Ihren Körper? Was schätzen Sie an ihm? Was ist Ihr Körper für Sie noch außer Fortbewegungsmittel und Anschauungsobjekt?

Viele Menschen haben ein eher schwieriges Verhältnis zu ihrem Körper. So wie sie sind, mögen sie sich oft nicht. Ohne unseren Körper und dessen Gesundheit sind wir nichts, doch das merken viele erst, wenn er nicht mehr mitmacht. Im Sinne der Selbstführung geht es vor allem um eine wertschätzende und annehmende Haltung dem Körper gegenüber.

Doch wann fühlt man sich energiegeladen und wohl in seiner Haut? Mit subjektiven Gefühlen ist das so eine Sache, denn sie sind nur schwer vergleichbar. Um die eigene Wahrnehmung zu kalibrieren, gibt es aus medizinischer Sicht leicht zu erfassende Kenngrößen, die das körperliche Energieniveau eines Menschen näherungsweise beschreiben. Diese sind der Ruhepuls und der sog. Body-Mass-Index.

- Der Ruhepuls macht eine Aussage über die Tagesform. Er lässt sich sehr leicht ermitteln, wenn man z. B. stolzer Besitzer einer Fitnessuhr ist. Ein gesunder, untrainierter Erwachsener hat einen Ruhepuls von 50 bis 100 Schlägen pro Minute, wobei ein Bereich von 60 bis 75 Schlägen pro Minute als optimal angesehen wird. Wenn sich Ihr Ruhepuls vor dem morgendlichen Aufstehen im optimalen Korridor bewegt, so ist das eine erste grobe Aussage über den Wirkungsgrad, mit dem Ihr Organismus arbeitet. Wichtiger als die absoluten Werte ist aber die relative Entwicklung im Vergleich zu den letzten Tagen und Wochen. Ein zu hoher Ruhepuls bedeutet, dass der Herzmuskel mehr arbeiten muss als nötig. Dies ist z. B. der Fall, wenn Ihr Körper mit einer Infektion oder Entzündung kämpft. Ein zu niedriger Ruhepuls kann dagegen ein Zeichen von schwerwiegender Erschöpfung sein.

- Die zweite vergleichsweise statische Kenngröße, ist der Body-Mass-Index (BMI). Der BMI stellt das Körpergewicht in Abhängigkeit von der Körpergröße dar und macht eine Aussage über die aus gesundheitlicher Sicht optimale Körpermasse. Er errechnet sich über folgende Formel:

$$BMI = \frac{\text{Körpermasse in kg}}{(\text{Körperlänge in m})^2}$$

Auch wenn der BMI lediglich ein grober Richtwert ist, der z. B. die Verteilung von Muskel- und Fettgewebe nicht berücksichtigt, ist er doch nach wie vor von der Weltgesundheitsorganisation als Indikator für die gesundheitliche Einschätzung des individuellen Gewichts anerkannt. Die Einteilung unterscheidet dabei zwischen Untergewicht, Normalgewicht und verschiedenen Stufen von Übergewicht. Im Internet gibt es zahlreiche BMI-Rechner, so z. B. unter www.bmirechner.net, mit denen Sie einschätzen können, in welchem Bereich Sie sich bewegen.

Seit langem ist bekannt, dass es einen direkten Zusammenhang zwischen dem BMI und dem Maß an Energie gibt, die uns für die Selbststeuerung zur Verfügung steht: Je eher sich eine Person innerhalb ihres Korridors für Normalgewicht bewegt, desto mehr körperliche und auch geistige Energie steht ihr zur Verfügung. So berichten viele Menschen, die zunächst stark übergewichtig waren und dann viel Gewicht verloren haben, übereinstimmend von solchen Begleiterscheinungen, wie z. B. einer positiveren Grundhaltung, mehr Lebensenergie und mehr mentaler Agilität.

Wie steht es um Ihren Ruhepuls und BMI? Alles im grünen Bereich oder gibt es Handlungsbedarf?

Nicht nur auf den Bauch hören

Ihr Körper versucht beständig, mit Ihnen zu kommunizieren. Können Sie die Signale Ihres Körpers wahrnehmen? Und falls ja, hören Sie auf Ihren Körper? Nehmen Sie beispielsweise wahr, wenn Sie hungrig, durstig oder müde sind? Registrieren Sie, wenn Ihr Körper Bewegung, Sauerstoff und Licht braucht? Wie steht es mit dem Bedürfnis nach Rückzug und Stille? Bekommen Sie auch eher flüchtige Empfindungen mit, wie z. B. ein Ziehen im Bauch, feuchte Hände oder einen Kloß im Hals? Was sagen Ihnen diese Signale?

Wir alle kennen den Begriff »Bauchgefühl« und meinen damit so etwas Intuition, die sich auf körperlicher Ebene ausdrückt. Der aus Portugal stammende Hirnforscher António Damásio, seines Zeichens Professor für Neurowissenschaften an der University of Southern California, geht davon aus, dass alle diese Körperwahrnehmungen, die er als somatische Marker bezeichnet, eine ganz spezifische Funktion haben. Sie geben uns Zugang zu unserem Körpergedächtnis, das ein Teil unserer Intuition ist. Damásio geht davon aus, dass wir im Gedächtnis nicht nur vergangene Ereignisse und dazugehörige Gefühle abspeichern, sondern auch assoziierte Körperwahrnehmungen, wie Bauchziehen, Gänsehaut oder den berühmten »Kloß im Hals«. Wenn Menschen mit einer Entscheidung konfrontiert sind, erwägt ihr Gehirn also nicht nur kognitiv die verschiedenen Reaktionsmöglichkeiten und schätzt die daraus resultierenden Ergebnisse ab, sondern es liefert auch die passenden Körperwahrnehmungen dazu.

Somatische Marker dienen dazu, Entscheidungen und ihre möglichen Resultate aus Sicht des Individuums in »positiv« und »negativ« zu unterteilen. Sie erteilen dem Bewusstsein also Auskunft über die eigenen Bedürfnisse und Präferenzen, sehr wahrscheinlich mit dem Hintergrund, Entscheidungsprozesse zu vereinfachen. Damit dies gelingen kann, ist es allerdings wichtig, dass diese Körperempfindungen von der jeweiligen Person auch registriert und idealerweise befolgt werden. Dies erfordert neben dem Willen zum »Zuhören« auch regelmäßige Zeiten der Ruhe und der Reduktion von Außenreizen, damit diese Empfindungen überhaupt an die Oberfläche kommen können.

Je komplexer eine Entscheidung ist, desto wichtiger ist es laut Damásio, auf seine somatischen Marker zu achten und diese in die Entscheidungsfindung miteinzubeziehen.

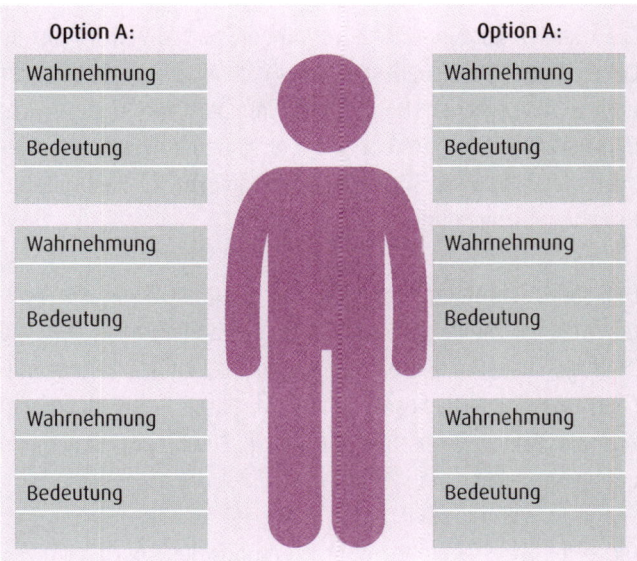

Somatische Entscheidungshilfe

Angenommen, Sie haben die Wahl zwischen zwei Optionen A und B. Welche Körperwahrnehmungen stellen sich ein, wenn Sie an Option A denken? Wo genau spüren Sie etwas? Welche Bedeutung könnte dieser Marker haben? Notieren Sie beides in der Grafik unter »Option A«. Was passiert, wenn Sie an Option B denken? Was spüren Sie und wo spüren Sie es? Notieren Sie auch Ihre Körperwahrnehmungen und deren mögliche Bedeutung unter »Option B«. Was passiert mit Ihrer Entscheidungsfindung, wenn Sie Ihren Körper bewusst miteinbeziehen?

Sich regen bringt Segen

Die meisten Führungskräfte verbringen zu viel Zeit im Sitzen. Die Erkenntnisse dazu, dass sich das nicht eben positiv auswirkt und zu körperlichen Begleiterscheinungen wie Übergewicht und Rückenproblemen führt, sind nicht neu. Interessant ist jedoch, dass das viele Sitzen auch die Fähigkeit zur Selbststeuerung negativ beeinflusst.

Der südafrikanische Neurologe und Hirnforscher Etienne van der Walt hat zahllose wissenschaftliche Studien analysiert, die Aussagen über die optimale Leistungsfähigkeit des Gehirns machen und wie sich diese beeinflussen lässt. Er hat dabei vier zentrale Faktoren identifiziert: Schlaf, Ernährung, Bewegung und innere Stille.

Die effektive Steuerung unserer emotionalen und kognitiven Innenwelt wird zunächst in starkem Maße von der Art beeinflusst, wie wir unseren Körper fordern. Van der Walt plädiert daher für einen Lebenswandel, der von regelmäßiger Bewegung gekennzeichnet ist. 10.000 Schritte pro Tag entsprechen in etwa der Bewegung, die ein gesunder Erwachsener täglich anstreben sollte. Schrittzähler und Fitness-Armbänder sind hier wirkungsvolle Begleiter, da sie Bewegung aufzeichnen, visualisieren und auch mit Gleichgesinnten vergleichbar machen.

An vier Tagen pro Woche sollten zudem Trainingseinheiten von mindestens 40 Minuten und mittlerer Intensität eingeplant werden. Van der Walt rät zudem, in diese Trainingseinheiten kurze intensive Intervalle von 2 bis 3 Minuten einzubauen, um so zwischen anaerober und aerober Belastung zu wechseln, da diese Abwechslung sich nachweislich positiv auf den Hirnstoffwechsel auswirkt. Die Sportart selbst ist dabei sekundär.

Richtig schlafen macht froh

Schlaf hat van der Walt in seiner Forschung neben der Bewegung als zweiten Basisfaktor identifiziert. Viele Führungskräfte sind für ihre Disziplin und ihr Engagement bekannt. Im Topmanagement sind 80-Stunden-Wochen die Regel. Sie gelten nicht selten als Äquivalent für Hochleistung. Das färbt natürlich auch auf die Mitarbeiter ab: Wer einen solchen Chef hat und irgendwann selbst Karriere machen will, macht ebenfalls nicht um 17 Uhr Feierabend, sondern arbeitet oft bis tief in die Nacht. Aus der Hirn- und Schlafforschung wissen wir allerdings mittlerweile, dass diese Form der Selbstausbeutung nicht zu optimaler

Leistungsfähigkeit und schon gar nicht zu effektiver Selbststeuerung führt. Diese hängt nämlich unter anderem direkt davon ab, wie viele Stunden wir an mehreren aufeinanderfolgenden Tagen schlafen.

Die negativen Konsequenzen von Schlafmangel

Körperlich

Der Cortisol-Spiegel steigt an, was unter anderem die Funktionsweise des Immunsystems beeinträchtigt. So verdreifacht sich z. B. die Wahrscheinlichkeit für eine Erkältung, wenn Menschen dauerhaft zu wenig schlafen.

Da der erhöhte Cortisol-Spiegel die Funktionsweise der Bauchspeicheldrüse beeinflusst, führt andauernder Schlafmangel auch zu Gewichtszunahme.

Kognitiv

Die kognitive Leistungsfähigkeit, die Aufmerksamkeitsspanne und der IQ sinken. Eine Stunde zu wenig Schlaf pro Nacht (ausgehend von 8 Stunden) kostet uns etwa einen Prozentpunkt unserer Intelligenz. Die zweite Stunde kostet bereits deutlich mehr. Glücklicherweise kommt die Intelligenz zurück, wenn man wieder genug schläft.

Das Entscheidungsverhalten wird konservativer, d. h., man neigt eher zu Entscheidungen, die man in ähnlich gelagerten Situationen bereits in gleicher Weise getroffen hat. Dies reduziert die Fähigkeit zu Kreativität und Innovation.

Schlafmangel ist kumulativ. So beeinflussen 4 Stunden Schlaf pro Nacht über 5 Tage das Denkvermögen genauso wie 24 Stunden ohne Schlaf. Dieselbe Schlafmenge über einen Zeitraum von 10 Tagen beeinträchtigt die Entscheidungskompetenz jedoch bereits so sehr wie 48 Stunden ohne Schlaf.

Die negativen Konsequenzen von Schlafmangel

Emotional

Die Fähigkeit zur emotionalen Selbstregulation nimmt ab, während die Neigung zu depressiven Verstimmungen zunimmt. Aktuelle Studien legen nahe, dass 2 Stunden Schlafmangel pro Nacht über einen längeren Zeitraum zu einer 24 % erhöhten Wahrscheinlichkeit für depressive Verstimmungen führen.

> Die fehlenden Stunden an qualitativ hochwertigem Schlaf addieren sich über die Wochen und Monate auf. Auch lange Schlafphasen am Wochenende sind in der Regel daher nicht ausreichend, um regelmäßigen Schlafmangel auszugleichen.

Ein kurzer Mittagsschlaf wirkt Wunder

Nicht zu unterschätzen ist die Wirkung eines kurzen Mittagsschlafs, um wieder eine gewisse geistige Frische herzustellen. Die beste Zeit für einen solchen »Power Nap« liegt dabei zwischen 13 und 14 Uhr, denn zu dieser Zeit wird unser Kreislauf instabiler und unsere Leistungs- und Konzentrationsfähigkeit sacken ab. Der perfekte Mittagsschlaf sollte maximal 30 Minuten dauern. Dauert er länger, hat der Körper anschließend Schwierigkeiten, wieder in Schwung zu kommen.

Vor allem wichtig für das Gehirn: gute Ernährung

Unser Gehirn ist ein ziemlich gieriges Organ, das für rund 20 % des Energieverbrauchs im Körper verantwortlich ist, aber nur rund 2 % des Körpergewichts ausmacht. Grund dafür ist die permanente Verarbeitung von großen Mengen an Informationen, Sinneseindrücken und Emotionen, so unter anderem auch zur effektiven Selbststeuerung unserer gedanklichen und emotionalen Innenwelt. Um dies leisten zu können, braucht es eine kontinuierliche Energieversorgung und damit eine sinnvolle Ernährung. Hierbei geht es nicht um eine Diät, sondern vielmehr um ein langfristig konstantes Ernährungsverhalten, weswegen auch von extremen Ansätzen abzuraten ist.

Einfachzucker meiden
Die Empfehlung des Hirnforschers für eine optimale Energieversorgung des Gehirns lautet: Reduzieren Sie Ihren Verbrauch an Süßigkeiten, Gebäck, Schokolade und Eis, denn diese Lebensmittel enthalten sog. Einfachzucker, der unnötige Spitzen im Blutzucker verursacht, denen ein schneller Energieabfall folgt.

Obst und farbiges Gemüse schützt die Zellen
Um Glukose in Energie zu verwandeln, muss diese vom Gehirn unter Zuhilfenahme von Atemsauerstoff oxidiert werden. Umgangssprachlich nennen wir diesen Vorgang auch Verbrennung. Dadurch entstehen im Gehirn Sauerstoffradikale, die die Neuronen im Gehirn schädigen können. Da sich diese kaum regenerieren können, ist das Nervengewebe im Gehirn sehr anfällig für sich langsam aufsummierende Schäden. Häufen sich die Zellschäden über Jahrzehnte hinweg, führen sie langsam, aber unaufhaltsam zu krankhaften Veränderungen. Neurodegenerative Erkrankungen, wie verschiedene Formen von Demenz und Parkinson, sowie die Begünstigung entzündlicher Prozesse, wie

Enzephalitis, können die Folge sein. Um dies zu verhindern, ist es wichtig, die Schutzsysteme des Gehirns gegenüber Sauerstoffradikalen zu stärken. Nahrungsmittel, die reich an Antioxidantien sind, leisten einen wesentlichen Beitrag zur Förderung dieser Schutzmechanismen.

Hier gibt es eine einfache Empfehlung von van der Walt: Fünf Portionen Obst oder farbiges Gemüse pro Tag sind genug, um den Bedarf an Antioxidantien zu decken. Eine Portion entspricht ungefähr einer Handvoll.

Finger weg von AGE

Von bestimmten Nahrungsmitteln ist heute bekannt, dass sie entzündlichen und degenerativen Prozesse im Gehirn Vorschub leisten können, wenn zu viel davon verzehrt wird. Allen voran sind hier die sog. AGE, die »Advanced Glycation Endproducts«. Besonders viele AGE entstehen beim Erhitzen der Nahrung über 120 Grad, also beim Grillen, Braten und Frittieren. Daher rät van der Walt dazu, Bratwürste, Burger, Steaks & Co. sowie Fish and Chips nur in Maßen zu verzehren.

Auf die richtigen Fette kommt es an

Neben Kohlenhydraten und Antioxidantien braucht unser Körper auch die richtigen Mengen an Fetten und Ölen. Sie enthalten lebensnotwendige Fettsäuren, die benötigt werden, um beispielsweise Hormone oder Zellwände aufzubauen. Doch Fett ist nicht gleich Fett, vielmehr kommt es auf die darin enthaltenen Fettsäuren an. Van der Walt rät dazu, den Verzehr von gesättigten Fettsäuren stark zu reduzieren und dafür vermehrt auf die Aufnahme ungesättigter Fettsäuren zu achten. Da unser Körper sowohl einfach als auch mehrfach ungesättigte Fettsäuren braucht, ist eine abwechslungsreiche Verwendung verschiedener Öle bei der Zubereitung von Speisen ratsam. Zwei Esslöffel pro Tag davon sind völlig ausreichend.

Wasser hält geistig frisch

Während unser Körper zu etwa 50 % aus Wasser besteht, sind es beim menschlichen Gehirn rund 80 %, weshalb es besonders auf regelmäßigen Nachschub angewiesen ist. Tatsächlich wird bereits ab einem Flüssigkeitsverlust von rund 3 % die Funktionsweise des Gehirns beeinträchtigt. Dies führt nicht nur zu einem messbaren Schrumpfen des Gehirns, sondern beeinträchtigt auch die geistige Leistungsfähigkeit. Kopfschmerzen, Müdigkeit und Konzentrationsschwäche können die Folgen sein. Bei normaler Belastung verliert der menschliche Körper rund 2 bis 3 Liter Flüssigkeit pro Tag. Pro Kilogramm Körpergewicht rechnet man mit etwa 35 ml Flüssigkeitsbedarf pro Tag. Bei Hitze, sportlicher Belastung oder Fieber liegt die benötigte Menge sogar noch deutlich darüber. Rund ein Liter wird dabei über die Nahrungsaufnahme kompensiert, sodass noch etwa 1,5 bis 2 Liter über das Trinken ausgeglichen werden müssen.

Den Geist zur Ruhe kommen lassen

Beim vierten Basisfaktor geht es darum, den eigenen Geist durch Meditationstechniken zur Ruhe kommen zu lassen – eine

Praxis, die bei vielen Führungskräften auch heute noch viel zu wenig Anwendung findet. Dabei sind die Zusammenhänge von Meditation und kognitiver Leistungsfähigkeit mittlerweile recht gut belegt. So konnte der Psychologe Richard Davidson von der University of Wisconsin-Madison schon 2007 demonstrieren, dass ein dreimonatiges Meditationstraining die Aufmerksamkeit schärft. Auch positive Auswirkungen auf die Emotionalität sind heute nachgewiesen. Die Psychologin Sara Lazar vom Massachusetts General Hospital in Boston konnte nachweisen, dass infolge regelmäßiger Meditation die Amygdala, eine Struktur, die auch als Angstzentrum bezeichnet wird, schrumpft. Gleichzeitig wurde in neuronalen Strukturen, die mit Mitgefühl assoziiert werden, ein Wachstum verzeichnet.

Meditation abseits der Esoterik: MBSR

Die Methode »Mindfulness Based Stress Reduction« stellt einen pragmatischen Fahrplan für das Erlernen der sog. Achtsamkeitsmeditation dar, den wir in unserer Workshops immer wieder empfehlen. Er besteht aus jeweils einer zweieinhalbstündigen Gruppensitzung pro Woche. Über einen Zeitraum von acht Wochen folgt dann zum Ende noch ein Tag der Achtsamkeit. Die tägliche Übungszeit beträgt 45 Minuten. Es braucht also durchaus einiges an Energie und Durchhaltevermögen vom Teilnehmer, was sich aber schnell bezahlt macht. Kern von MBSR ist es, durch das Schulen von nicht bewertender Wahrnehmung die automatische Verknüpfung zwischen externer Belastung und Stressreaktion aufzulösen. Das Konzept wurde mittlerweile vielfach wissenschaftlich in Studien überprüft und gilt als fundiert.

Meditation verbessert die Selbstführung

Auch Topmanager wie der Medienmogul Rupert Murdoch und der Ford-CEO Bill Ford berichten davon, wie ihnen Achtsamkeitsmeditation bei der Bewältigung ihrer Aufgaben hilft. Es ist also an der Zeit, dass sich auch in Deutschland Führungskräfte intensiver mit diesem Konzept auseinandersetzen. Diese Technik kann Sie dabei unterstützen, die eigenen Denkmuster zu durchschauen, um damit stereotype Reaktionen wie z. B. Reflexe und Vorurteile zu vermeiden und bessere, d. h. eigenständigere Entscheidungen zu treffen. Diese Kompetenz der Selbstreflexion ist nicht nur bei Entscheidungen hilfreich, sondern auch, wenn eine Person mit Veränderungen von außen konfrontiert wird. Viele Manager berichteten, dass sie sich durch regelmäßige Achtsamkeitsübungen ruhiger, klarer und den Anforderungen deutlich besser gewachsen fühlen.

Meditation to go

Wachsender Beliebtheit erfreuen sich auch verschiedene Meditations-Apps. Die Vorteile dieser Programme liegen auf der Hand: Sie bieten die Möglichkeit, jede beliebige Situation für eine Meditation nutzen zu können. Sie kommen damit all jenen entgegen, die viel unterwegs sind und einen eher unregelmäßigen Lebenswandel pflegen, wie das z. B. bei vielen Führungskräften der Fall ist. Dabei können sie als sehr gute Ergänzung zu Achtsamkeitsprogrammen wie MBSR dienen. Mittlerweile gibt es zahlreiche solcher Apps, so z. B. Headspace und 7Mind.

Schräg, aber wirksam: Klopfen

Wer in der westlichen Welt aufgewachsen ist, ist zumeist so geprägt, dass Selbstführung am besten durch gedankliche und auch emotionale Auseinandersetzung mit einer herausfordernden Situation zu bewerkstelligen ist.

Die gedankliche Auseinandersetzung mit einer schwierigen Situation funktioniert insbesondere dann gut, wenn die belastende Situation beim Betroffenen lediglich zu einem moderaten Maß an innerer Unruhe führt. Handelt es sich jedoch um sehr starke Emotionen, wie z. B. große Angst oder gar Panik, so greift die reine Eigenreflexion als Mittel der Selbststeuerung in vielen Fällen zu kurz. Eine vielversprechende Ergänzung der bereits vorgestellten Methoden der Selbstführung sind verschiedene Klopftechniken. Die Ursprünge herzu gehen zurück in die 1980er Jahre, in denen der amerikanische Psychologe Roger Callahan die sog. Thought Field Therapy (TFT) entwickelte. Kernstück dieser Methode ist das Beklopfen von Körperpunkten nach einem bestimmten Schema, das von einem Therapeuten oder Coach im Rahmen einer Sitzung zunächst angeleitet und später vom Klienten eigenständig praktiziert wird. Bei dieser Methode, die zu den Methoden der energetischen Psychotherapie gehört, kommen drei verschiedene Aspekte zusammen.

1. Zunächst versetzt sich der Klient gedanklich in eine belastende Situation.

2. Im nächsten Schritt werden nach Vorgabe des Coachs bestimmte Körperpunkte nach einem vorgegebenen Schema mit den Fingern beklopft oder durch Reibung stimuliert.

3. Ebenso werden vom Klienten bestimmte Sätze gesprochen, die der positiven Selbstbestärkung dienen sollen. Dies geschieht ebenfalls nach einem bestimmten Muster und unter Anleitung des Coachs.

Das klingt schräg und es fühlt sich zunächst auch genauso an. Wie jede neu aufkommende Methode wird auch diese von etablierten Berufsverbänden aktuell noch äußerst kritisch beäugt. Erschwerend kommt hinzu, dass einige Vertreter dieser Methode mit unlauteren Heilsversprechen (»Klopfen Sie sich reich!«) viele Skeptiker auf den Plan gerufen haben, die ihre Wirksamkeit aufgrund mangelnder wissenschaftlicher Nachweise als reinen Placeboeffekt abgetan haben. Dennoch gibt es mittlerweile einige methodisch saubere Untersuchungen, welche die positive Wirkung der Klopftechniken nachweisen. So konnte beispielsweise in mehreren Studien gezeigt werden, dass bei verschiedenen Formen von Ängsten und Phobien der Einsatz von Klopftechniken wirksamer ist als herkömmliche Gespräche mit einem Therapeuten oder Coach. Auch viele Coaches wenden die Technik mittlerweile aus Überzeugung bei ihren Klienten an, so z. B. der deutsche Coach Jan-Aiko zur Eck, der bei Bühnenangst und Lampenfieber berät. Wenn Sie hin und wieder mit starken Emotionen, wie z. B. Ängsten, konfrontiert sind, sollten Sie diese Methode einmal ausprobieren.

Authentische Beziehungen aufbauen und pflegen

Menschen sind soziale Wesen und als solche eingebettet in zahlreiche Beziehungssysteme wie die Familie, den Freundeskreis oder die Abteilung in der Firma. Diese Beziehungen können entweder positiv als energiegebend oder aber negativ als energienehmend empfunden werden, z. B. wenn Konflikte oder andere Probleme vorherrschen. Als authentisch empfundene dauerhafte und verlässliche Beziehungen stellen eine besondere Art von Ressource dar, die eine hohe Auswirkung auf die individuelle Widerstandsfähigkeit und Selbstführung haben. Entscheidend ist dabei, dass dies Beziehungen sind, in denen sich die Person so zeigen kann, wie sie wirklich ist, ohne sich anzustrengen oder sich zu verstellen.

Solche Beziehungen müssen dabei nicht notwendigerweise spannungs- und konfliktfrei sein. Wichtiger ist gegenseitiges Vertrauen und Verlässlichkeit und eine starke emotionale Bindung. Je mehr ein Manager in der Lage ist, sich in einer handverlesenen Gruppe von Bezugspersonen positiv eingebettet zu fühlen, desto besser ist dies für seine Selbstführung, wenn die Wellen mal wieder hochschlagen.

Der persönliche Aufsichtsrat

Ungeteilte Aufmerksamkeit und echtes Interesse werden in unserer schnelllebigen und zu Oberflächlichkeit neigenden Welt immer mehr zu einem Luxusgut. Aber authentische und vertrauensvolle Beziehungen sind elementar für die Festigung und Verbesserung unserer geistigen und körperlichen Widerstandsfähigkeit.

Wer traut sich schon, dem Chef offenes und ehrliches Feedback oder auch nur einen Ratschlag zu geben? Die meisten Manager, mit denen wir in unseren Workshops arbeiten, ziehen tatsächlich großen Nutzen daraus, sich mit ihresgleichen vertrauensvoll auszutauschen. Sie messen diesen besonderen Beziehungen eine hohe Bedeutsamkeit bei, wenn sie sie erst einmal erlebt haben. In der Forschung werden diese wechselseitigen Beziehungen von Managern auch als »Critical Leader Relationships« (CLR) bezeichnet. Eine solche CLR kann beschrieben werden als eine stabile, dauerhafte, vertrauensvolle Beziehung zu einer anderen Person (die meist ebenfalls Führungskraft ist) mit dem Ziel der Unterstützung und der Beratung in führungsrelevanten Fragestellungen. Es handelt sich also hier nicht um Freundschaften oder um normales kollegiales Networking.

Beziehungspflege kostet Zeit

In der Regel entstehen CLR nicht einfach so, sondern sie müssen aktiv gepflegt werden. Wie bei jeder guten Beziehung kostet dies Zeit und Energie. Es konnte gezeigt werden, dass CLR am besten auf Augenhöhe funktionieren, d. h., wenn beide Beteiligten die regelmäßigen informellen Gespräche schätzen und gleichermaßen einen Nutzen daraus ziehen. Dann lässt sich auch in einem übervollen Terminkalender ein Slot für ein gemeinsames Abendessen finden. Auch CLR im Sinne einer Beziehung zwischen »Mentor« und »Mentee« können funktionieren, denn auch hier haben beide Seiten etwas davon. Der Mentor kann seine Erfahrung weitergeben, was seine Eigenreflexion anregt und zudem seinem Ego schmeichelt. Der Mentee hat einen erfahrenen Sparringspartner an der Seite, der ihn im Sinne eines wohlwollenden Ratgebers und Advocatus Diaboli hinterfragt.

Wie steht es um Ihren persönlichen Aufsichtsrat? Wer genießt Ihr uneingeschränktes Vertrauen und versteht dabei auch noch die Welt, in der Sie leben? In unseren Workshops laden wir die Teilnehmer zu folgender Reflexion ein:

1. Erstellen Sie eine Übersicht, in der alle Menschen aufgeführt sind, die in Ihrem Leben wichtig sind.

2. Notieren Sie zu jedem dieser Menschen, inwieweit dieser Ihre berufliche und private Welt verstehen kann. Nutzen Sie dazu eine Skala von 0 (gar nicht) bis 10 (voll und ganz).

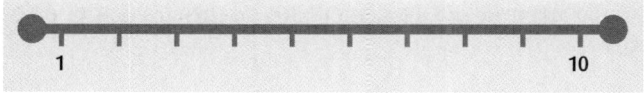

3. Notieren Sie außerdem zu jedem dieser Menschen, inwieweit er Ihr uneingeschränktes Vertrauen genießt. Nutzen Sie hierzu wieder die Skala von 0 (gar nicht) bis 10 (voll und ganz).

4. Notieren Sie im letzten Schritt zu jedem dieser besonders wichtigen Menschen, inwieweit Sie mit der Quantität und der Qualität an Interaktion prinzipiell zufrieden sind. Nutzen Sie auch hierzu wieder die Skala von 0 (gar nicht) bis 10 (voll und ganz).

Überlegen Sie nun: Welche Muster werden deutlich? Wo besteht Handlungsbedarf? Was genau werden Sie verändern und wie?

Sinn: ein Leben in Einklang mit den eigenen Werten

Welchen Sinn hat Ihr Leben? Das Wort Sinn leitet sich vom altdeutschen Begriff »sin« ab, der so viel bedeutet wie »eine Fährte suchen«. Viele Manager, mit denen wir arbeiten, haben keine genaue Vorstellung von dem Sinn, den ihr Leben hat oder haben könnte. Nicht wenigen ist das Gespräch darüber bereits ziemlich unangenehm. Und dennoch ist empfundener Sinn die ultimative Quelle von innerer Stärke und Selbstführung. Die zentrale Frage lautet: »Hat das, was ich tue, haben meine Entscheidungen, hat meine Karriere, mein Leben als Ganzes einen Sinn?«

Das Erleben von Sinn gibt dem eigenen Handeln Bedeutsamkeit und Ausrichtung sowie das Gefühl von Zugehörigkeit und Stimmigkeit. Sinn stellt nicht das Individuum und sein alleiniges Wohlergehen in den Mittelpunkt des Handelns, sondern vielmehr etwas, das sich richtig und bedeutsam anfühlt und größer ist als jeder Einzelne. Sinn kann sich dabei jeder Mensch nur selbst stiften, auch wenn der Sinn durch unser Umfeld, sei es durch andere Menschen, die uns nahestehen, oder durch die Arbeit, bei der man uns braucht, gefestigt wird. Da es sich bei Sinn im weitesten Sinne um eine Überzeugung handelt, ist diese Komponente der Selbstführung in dem Maße veränderbar, wie eine Überzeugung veränderbar ist.

Welchen Sinn hat Ihr Leben, Ihre Karriere? Viele Führungskräfte, mit denen wir arbeiten, haben erst einmal keine Antworten auf diese Fragen. Und das, obwohl doch für uns alle das Leben endlich ist. Manager sind gewohnt zu steuern, Einfluss zu nehmen und die Kontrolle zu behalten. Und doch endet unser aller Leben mit einem riesigen Kontrollverlust: unserem Tod. Das menschliche Bedürfnis nach Sinn ist ein Geschenk dieser Perspektive.

Welchen Unterschied machen Sie?

Aus dem Englischen kommt der Ausdruck »To make a Difference«. Dies bedeutet sinngemäß, dass die Taten einer Person die Welt zu einem besseren Ort machen, verglichen mit einer Welt ohne diese Person. In unseren Workshops bitten wir die Teilnehmer, darüber zu reflektieren, welchen Unterschied sie auf verschiedenen Ebenen mit ihrem Leben machen wollen. Das wäre sicherlich auch eine interessante Fragestellung für Sie. Was für einen Unterschied werden Sie gemacht haben, wenn Sie diese Erde verlassen? Wird sich Ihre Karriere und der Preis, den Sie dafür bezahlt haben, gelohnt haben? Woran sollen die Menschen denken, wenn sie sich an Sie erinnern?

Welchen Unterschied möchten Sie machen in Bezug auf:

- **sich selbst?** Beispiel: Ich werde eine bessere Version von mir selbst.
- **Ihren »Inner Circle«?** Beispiel: Ich bin für meinen Partner/die Kinder Stütze und Vorbild.
- **Ihren »Outer Circle«?** Beispiel: Ich inspiriere meine Kollegen und unterstütze meine Mitarbeiter in deren Weiterentwicklung.
- **die Welt?** Beispiel: Ich baue ein Unternehmen auf/entwickle ein Unternehmen weiter.

Zur besseren Version von sich selbst werden

Das Ziel einer effektiven Selbstführung ist es nicht nur, den Widrigkeiten des Alltags zu trotzen und sich selbst auch in schwierigen Zeiten im Griff zu haben. Es geht darum, zu einer besseren Version von sich selbst zu werden. Tatsächlich sind wir neurobiologisch darauf programmiert, zu wachsen und unsere Limitationen zu überwinden, und zwar nicht nur körperlich, sondern auch in unserer Persönlichkeit. In den zurückliegenden Kapiteln haben Sie Methoden kennengelernt, die Ihnen dabei helfen, Ihre Selbsterkenntnis, Selbstakzeptanz, Selbstverantwortung und Selbstregulierung zu verbessern. All diese Schritte haben dabei zum Ziel, sich möglichst wenig selbst im Weg zu stehen.

Die Arbeit an der eigenen Persönlichkeit ist aufwendig und fühlt sich nicht immer gut an. Aber der Weg lohnt sich in jedem Fall.

Ich wünsche Ihnen viel Erfolg auf Ihrer Reise!

Stichwortverzeichnis

5-Faktorenmodell 61
360°-Feedback 23

Beratungsresistenz 58
Blinder Fleck 22
Body-Mass-Index 104

Critical Leader Relationship 120

Dankbarkeitsübung 82
Digital Detox 102
Dissoziationstechnik 77

Einflussbereich 73
Eisenhower-Matrix 99
Emotionsbilanz 94
Energiebilanz 97
Energiedieb 101
Energie Management 47, 96
Extraversion 64

FiRE-Modell 42, 55
Flügel-Ressource 98

Geist-Körper-Achse 48
Gestalterhaltung 72
Glaubenssatz 84

Hebb'sches Gesetz 83

Kalender-Management 100
Karriereknick 21
Krise, Verlauf 33

Meditation 114

Mentale Agilität 47, 93
Mindfulness Based Stress
    Reduction 115

Neuroplastizität 25, 95

Opferhaltung 46, 72

Perspektivwechsel, Übung 76
Power Nap 111

Regelkreis Selbstführung 14
Resilienz, rohe 61
Ruhepuls 104

Schlafmangel, Folgen 109
Schmerzzentrum 76
Schutzfaktoren, Resilienz 39
Selbstdisziplin 18, 90
Selbstführung, Definition 6
Selbstführung, Säulen der 8
Selbststeuerung 21
Selbstverantwortung 72
Selbstwirksamkeit 10
Sense of Coherence 35
Somatische Marker 106
SWOT-Analyse 59

Theater, inneres 78
Trait 8, 60
Tunnelblick 24

Widerstandsressource 36
Wurzel-Ressource 98